U0052464
挑選・擺飾・栽培，一次到位！
室內觀葉植物精選特集
增訂新版！
理想家居，就從植栽開始！
安元祥惠◎著

Contents 目錄

Introduction

Chapter 1

兼具力＆美的室內植物

Chapter 2 細緻柔和的室內植物

Chapter 3 美麗輕垂的室內植物

Chapter 4 獨特有個性的室內植物

Index

Introduction

大多數被稱為「室內植物」的觀葉植物，都是原生於熱帶或亞熱帶地區，強健且容易栽培的植物。只要具有良好的溫度與濕度管理，即使在日本的溫帶氣候下，想要欣欣向榮亦非難事。就像在挑選家具、布藝軟裝般，將綠化植物當作室內設計的一環來擺飾，以洋溢著生命力的美麗綠意，打造豐潤美好的生活空間。

依據個人住處的室內裝潢和環境；該選擇什麼品種、植株大小和樹型姿態？又該搭配何種盆器？擺飾於屋內何處最能相得益彰？放在哪裡植物才能長得好等等，諸如此類的考量都令人充滿期待。日後，當您看到新芽冒出、花朵綻放，日益蓬勃生長的姿態，就能感受到植物帶來的小小幸福喜悅！

栽植於庭院或陽台的植物也好，盆植於室內的植物也好，基本的栽培管理方式都一樣。也曾被詢問過「室內植物放在戶外會不會容易生病？」「會不會長蟲呢？」這類的疑慮。四季分明的日本，冬季的氣溫和溼度雖然與室內觀葉植物的原生地有所差異，但其實無論是在熱帶或溫帶、在叢林或沙漠，植物原本就是生存在大自然中的。當植物生病時，請先思考陽光和溫度是否適當，通風是否良好，代替雨露的澆水或噴霧是否適量。與植物一同生活並累積更多經驗之後，就能夠逐漸預判情況，並且在狀態改變時，發現植物發出的警訊。

無論是想要開始栽培室內植物的初學者，或是想增添更多植物種類的進階者，本書特地為所有的植物愛好者嚴選許多人氣品種。並且根據累積至今的知識，以及日復一日照護植物時注意到的實際經驗，從基礎開始解說各個品種的栽培與擺飾方法。真心期望本書可以成為您栽培室內植栽時的參考，享受充滿綠意的健康生活！

安元祥惠

享受室內綠化的 3 種樂趣

有哪些植物種類？喜歡什麼樣的類型？想放置在什麼空間？室內綠化的第一步，就從尋訪花市、園藝店，尋找適合的植物開始。此時，最優先考量的重點，大致可分為3個方向。掌握好這三者之間的平衡，植物就容易與室內空間融為一體，並且長期生長良好。

挑選

想要選擇喜歡的植物

⬇

優先考量外形喜好的類型

根據品種不同，光是葉片的形狀和顏色就豐富多元，植物整體的印象更會隨著樹型、輪廓、植株大小而截然不同。能在賣場遇見中意的植物並且購入，當然是值得高興的事，但是回家後卻可能發現不知該放在哪裡才好，或者隨意搭配造成數量意外增加。選購時多想一下放置場所或擺飾方式，以及植物的生長環境，可以享受更充實的綠意生活。

擺飾

想要裝飾房間的這個地方

⬇

優先考量放置場所的類型

想為單調無趣的空間增色、想要置身森林般、想打造療癒空間等，室內綠化可以營造出理想的居住環境，實現種種想法。不過，「想要擺飾在這裡」的想法特別強烈，卻在日陰處放置了需要充足陽光的植物時，就會生長不良。根據決定的場所，多考慮一下植物特性以及所需的生長環境，才能擁有盎然綠意。

栽培

想在室內栽培植物

⬇

優先考量生長條件的類型

植物需要澆水等日常照顧養護，隨著枝條生長和新芽萌發，植物的形態每天都在改變。觀察植物生長的狀態，是一段充滿樂趣的時光。將植物的生長條件列在首位，對植物而言當然最好不過，但過度在意是否會枯死一事，可能造成無法選擇真正喜歡的植物或放置於最想擺飾之處。若是能夠先決定擺飾場所再來選擇植物，就能融入室內風格。

掌握三者平衡，邁向下一步！

植物的擺飾

配合居家風格選擇室內植栽或盆器，亦是室內綠化最大的樂趣之一。接下來將分別以住家各居室為例，提供選購相配植物的要點。藉由實例照片作為參考，可以了解應在該空間放置多大尺寸的植栽，得以營造舒適合宜的室內綠化擺飾。

Living

客廳，可說是多數人居家日常中最常待著打發時間的場所，因此很容易察覺植物的變化，也方便管理。置於沙發旁的主景樹選擇了「印度橡膠樹」，以及配合層架高度的副景樹「鵝掌藤 'Dazzle'」。茶几旁的「花燭 'Arrow'」喜好半日照環境，因而放在離窗邊稍遠的位置。

①印度橡膠樹（p.36）／②鵝掌藤 'Dazzle'（p.62）／③椒草 垂椒草（p.126）／④花燭 'Arrow'（p.52）／⑤鏽葉榕（p.38）／⑥風不動 串錢藤（p.104）／⑦粉藤 'Ellen Danica'（p.90）
品種名後方標示的頁碼，是介紹植物＆栽培方式的刊載頁面。部分情境照中的植物，與介紹頁刊載的品種並非完全相同。

①裂葉福祿桐（p.76）／②葦仙人掌 番杏柳（p.100）／
③紅線豹紋竹芋（栽培方式請參照p.138的孔雀竹芋）／
④鵝掌藤 'Maruko'（p.62）

Window Side

窗邊既可以保證日照，也便於利用窗簾適當遮光，是個擺放室內盆栽的好地方。不過也容易受到氣溫下降而變冷，需要注意溫度的變化。配合古典風格的家具，綠植主角選擇了以圓潤可愛葉片與氣生根為特色的「鵝掌藤 'Maruko'」。搭配擺設的裂葉福祿桐、紅線豹紋竹芋、葦仙人掌，都是喜好透過窗簾柔和光線的種類。

擺飾重點

觀察植物的個性，並且意識到自己想要看見的景色、想要展示的部分，然後找到最能夠襯托其個性的場所吧！組合多種植物擺飾時，除了考量植物與室內裝潢的視覺平衡，也要將植株大小、高度、葉色搭配，以及盆器質感等因素一併列入。

放在坐著時顯眼易欣賞的場所

人們在室內休息時，大多坐著。因此，坐下時一覽無遺的視野範圍、容易觀賞的高度與最佳欣賞角度，就是最適宜的擺放位置。例如：電視旁、書房的電腦附近等，容易充斥無機質感的區域，不妨放上一盆綠植營造柔和的氛圍。此外，宛如在牆上裝飾喜愛畫作般，將室內植物作為軟裝布置如何？生氣盎然的綠意，其存在感會成為房間裡的象徵喔！

為枝葉前方留下延展的空間

挑選室內植物時，不要選擇會塞滿整個空間的植株大小，稍微讓空間留有餘裕的尺寸才是最合適的。如此一來，枝葉的線條才不會受到牆壁等物的阻擋。為枝葉前方留下延展的空間，可以讓植物日後生長的姿態更富想像，打造生氣蓬勃的綠化魅力。挑選植物時，事先意識到預定展示的場所，就可以輕易想像其場景。例如：要裝飾右方的角落，那就尋找向左側伸展的樹型之類。

不時轉動植物方向充分接受日照

由於植物必定會朝著太陽的方向生長，即使已經決定好擺飾的位置，也要以幾個月一次為週期，轉動植株的方向，讓整個植株能充分接受日照，這點十分重要。放在無日照、光量低的植物，若察覺到不太健康，不妨將其移至可以照到些許陽光的地方。因為植物不太能適應環境的急速變化，如果突然移到日照直射之處，可能會出現葉燒損傷，或進一步持續惡化而枯萎。要漸漸換至有陽光的地方，或者漸漸移動至無日照處，循序漸進地進行。

Kitchen

廚房與餐桌之間放置了大型植栽，作為空間區隔之用。不僅巧妙劃分了被家具圍繞的閉塞空間，同時帶來些許開放感和清新氣息。為了保證廚餐廳順暢無礙的動線，選擇了樹幹極富特色，葉子幾乎都聚生於頂端的「亞里垂榕」（p.36），亦能適度遮擋料理用具。

①多蕊木（p.68）／②葦仙人掌 黃絲葦（p.100）／③蔓綠絨 紅帝王蔓綠絨（p.48）／④風不動 串錢藤（p.104）

Work Room

運用室內綠植妝點，將工作室打造成舒適放鬆的空間如何？一棵樹型獨特的多蕊木讓房間不再顯得單調，卻也不影響簡潔觀感。從天花板吊掛而下，自然輕垂的植物，以及葉片往四面八方散開的植物，既不妨礙作業，又能置身喜愛的事物中，工作靈感似乎會源源不絕的出現呢！

Bed Room

人人都想將臥室打造成放鬆身心的療癒空間。一日起始與結束都在此度過的場所，就用室內綠化營造出靜謐安穩的氛圍吧！沐浴在明媚晨光下的臥室裡，窗邊並排著心愛的仙人掌，令人感到輕鬆愜意。垂直生長的柱形仙人掌即使放置多盆，整個空間仍然顯得整潔清爽。日照充足的環境很推薦種植仙人掌，栽培容易，不需花費太多心力。

①仙人掌 鬼面角（Branch塑形）／②仙人掌 鬼面角／③仙人掌 大鳳龍（①～③的栽培方式請參照p.130的大戟屬多肉植物）／④綠珊瑚（p.130）

①千年木 密葉竹蕉（p.108）／②毬蘭 'Golden Margin'（p.96）③兔腳蕨（p.87）／④印度橡膠樹 'Burgundy'（p.36）

Entrance

玄關可說是住家的門面，若是擁有充分光照的空間，推薦在穿衣鏡或椅凳布置室內綠植作為美化。無論日照或通風條件都難以滿足時，就只在訪客前來之際作為裝飾吧！擺放在一起的小型花盆，都是葉片具有光澤的室內植物。大型全身鏡旁，則是作為視覺中心的主角——栽種於高大花器裡的印度橡膠樹 'Burgundy'。

植物的挑選

選擇室內植物時，如果大致了解有哪些類型，就會更容易知道自己的偏好，挑選上也會明確許多。大致方向可先分為木本植物和草本植物，接著再看葉形、葉色、質感的差異。總之，先依照個人喜好或適合室內風格的種類來選擇吧！

木本植物

草本植物

藤本植物

依樹型挑選

木本植物：從地面長出主幹，分枝後生長葉片的植物。即使同樣屬於木本，也有橡膠樹這樣葉片大而圓潤的類型，和鵝掌藤般葉片小而纖細的類型，給人的印象可說是截然不同。就算是同一個品種，也有培育成筆直生長的、枝葉開展的，以及彎曲造形等等的分別。挑選木本植物時，要特別注意放置場所的空間，最好先實際測量再去選購，如此一來也容易找到適合的盆器。

草本植物：給人柔和印象的植物居多。大多是從地面長出許多嫩芽，形成緊密而具有份量感的叢集，根據葉片生長展開的方式，可以享受布置於各種場所的樂趣。市售尺寸多為中、小型盆栽，因此從上方俯視葉片美麗的就放在地板上，葉片輕垂而下的種類就放在層架上，可以配合植物特色及生長環境，靈活改換放置場所。

藤本植物：與草本植物一樣是從地面發芽再生長葉片，具有攀附性質的莖枝容易伸長垂下，適合作為吊盆的植物。無論是放在層架上或懸掛起來，都能欣賞藤蔓如瀑流瀉而下的魅力。若是多準備幾處耐重掛鉤或吊軌，就可以像居家布置般享受吊盆裝飾的趣味。想要長久欣賞的訣竅，就是放在容易澆水的地方，如此維護管理就不會成為負擔。

大而圓潤的葉片

小而纖細的葉片

依葉形挑選

大型葉片圓潤討喜，洋溢著自然率性的氛圍，但也適合簡約時尚的室內風格。一棵植株上的大型葉片數量不會太多，因此無需費心掃除落葉。葉片數量少，就代表樹幹給人的印象也會比較深刻，整體的線條感較為強烈。小而纖細的葉片隨風搖曳的姿態，則是給人既清涼又高雅的形象。

深綠色

亮綠色

依葉色挑選

葉子的顏色千變萬化，除了深綠和亮綠之外，還有銅葉、黃葉、銀葉等，每一種給人的印象都截然不同，請根據室內風格的氛圍，依個人喜好選擇即可。此外，帶有紅色的葉子或有著鮮黃色斑紋的葉色，都能成為室內的亮點。部分葉色鮮豔的植物較不耐直射強光，選擇放置場所時，請多加考慮環境是否合適。

粗糙刺手的硬葉

柔軟細膩的葉片

依葉片質感挑選

硬葉給人銳利的印象，柔軟的葉片則帶來溫柔的感受。部分硬葉植物帶刺，不適合某些場所，選擇放置處時請審慎考量。柔軟的葉片大多較薄，碰觸時容易受損，須注意。無論是想要野性的空間還是優雅的空間，都會因為選擇的植物而改變整體印象，因此在挑選植物前，最好對於想要打造的空間已有具體的意象。

盆器 & 植物的組合搭配

植物挑選完成之後，接著就是選擇盆器了。挑選時不僅要配合植物，是否能與室內風格相襯也要列入考量。依據選擇的盆器造形與大小，植物的氣生根、樹幹、莖等特徵可能會特別印象深刻，葉色看起來也會略有差異。接著，按照預想中植物將會如何生長，或成長後的樹型來選擇盆器吧！它會筆直長高？還是會垂下延展？葉子繁茂嗎？未來的變化也不能忽視。此外，若之後會移至室外或不平衡的斜幹、懸崖等樹型，就必須選擇厚實穩定的盆器避免植物傾倒，這點十分重要。特別是枝幹彎曲且葉子細且繁多的植物，放置戶外時格外容易受到風吹的影響。

盆 & 植搭配對照實例

朱蕉

左側植株彎曲有型的樹幹，是歷經時光流逝才能造就的韻味，因此搭配了厚重的古銅色盆器，為了聚焦樹型，選擇了簡約造形。右側植株則是筆直生長的樹型，帶紫紋的葉片十分美麗。藉由簡潔的水泥色調盆器，襯托其恣意舒展的身姿（p.111）。

海葡萄

有著硬挺樹幹與圓潤葉片的海葡萄，自由伸展的樹型會依植株而有著截然不同的印象。左側植株樹幹粗壯結實，選用具有個性花紋的厚實盆器增添特色。右側則是為了加強植株向外開展的樹型，以純白圓潤且略微收口的盆器營造輕盈感（p.40～41）。

配合外形

植物枝幹與盆器的輪廓若能延伸連接，不僅具有一體感，植株的特色也會更顯眼。為了充分呈現左側榕樹（p.75）的美麗樹幹，選用了直接延續植株外觀線條的缽形容器。右側的鵝掌藤（p.62）枝條輕盈流暢，搭配了簡潔具高度的盆器，讓容器與植物宛如連成一線。強調枝葉躍動感的同時，也加重了植物的存在感。若樹幹具有氣生根之類的植物，就要配合高度，挑選可以展現根部特色的盆器。

配合質感

若想突顯植物樹幹或葉片的質感，利用盆器的質地來加強印象也是一個方法。具有獨特樹皮的昆士蘭瓶幹樹（左／p.136），是與質樸陶盆的組合。選擇與樹幹、葉色相配的米褐色，營造出色彩的一致性。有著神祕氣息的白化帝錦（右／p.132），選用了素材質感明顯的粗糙盆器。帶著乾燥地區印象的容器，強化了植物頑強生命力的意象，也提升了帝錦獨特莖幹的存在感。

配合紋路

葉片帶有花紋，或具有氣生根等帶著線條特色的植物，不妨搭配紋路相似的盆器，視覺呈現會更加有趣。左側的孔雀竹芋（p.138），紅綠交織帶有透明感的葉片，結合紋路相近的個性盆器，呈現優雅印象。基本款形狀的盆器，無論放在何處都很合適。擁有獨特氣根與葉形的奧利多蔓綠絨（右／p.46），選用了直紋顯眼的盆器。帶有光澤的葉片與容器的古銅色相得益彰，營造出沉穩氛圍。

複數盆栽的組合擺飾方法

組合多盆植物擺飾時，單純收集喜愛的品種來裝飾當然沒問題，不過也可以透過精心搭配的組合，打造出更有一體感的景觀，成為房間裡的出色裝飾。思量著植物的生長環境，展示於能夠彰顯其個性的貴賓席吧！

生長環境相同的植物組合

不知道如何擺飾時，只要記得將生長環境相同的植物放置在一起的基本原則，就絕對不會有錯。例如生在乾燥環境的多肉植物、近水邊的蕨類植物等，將生長在同一個環境的植物集中放置，就能帶來舒適融洽的氛圍。圖為3種天南星科與葦仙人掌（右前方／p.100）的組合。全都喜好明亮無直射日照的場所，因此遮光方面的需求都一樣，培育上的考量也是一起定案即可。

不同外觀的同種類植物組合

圖中的植物品種皆為椒草（p.126）。此外，像是葦仙人掌（p.100）、毬蘭（p.96）、大戟科植物（p.130）等，雖是同一種類卻有著各式各樣的形狀和顏色。同種類但葉色、葉形不同的植物組合裝飾，反而能互相襯托出彼此，是植物新手也不容易失敗的組合方式。再加上同種類的栽培方法大多相似，管理也容易，所以非常推薦。

運用葉片的色彩創造對比

若組合盆栽都是相似色系或相同形狀的葉片，只會掩蓋住各個植物的優點和存在感。不如試著在綠葉中穿插銀葉、銅葉或黃葉等不同色彩的葉片，一旦創造出對比，更能襯托出雙方的特色。圖中擁有銀色葉片的秋海棠，以及有著明亮黃綠色的椒草 'Gemini'（p.126）點亮了整體，再加上葉形的變化，形成樂趣無窮的空間。

突顯主角的存在

將不同種類的植物組合擺飾時，需要決定在盆栽中選取哪一個作為其中的主角，也就是創造視覺焦點。有時因為植物本身的大小或印象，不用刻意塑造也會自然而然成為主角。同尺寸盆器並排的情形，不妨將主角置於較高處，讓整體更為融合。圖中是以3個小盆栽為主角，想要突顯的植物並排於台座上，四周再放上其他植物，拓展出更豐富的景色。

透過盆器的色彩與質感來統合

將完全不同的各式植物放在相同空間時，質感或色調一致的盆器，反而會突顯出室內綠植的多元葉色，視覺效果更好。雖然也有盆器質感全都不同，難以搭配的情況，然而若是略有差異的質感，則會令人覺得有趣。或是只有一個盆器的色彩與眾不同，如此既有個性也很時尚。

室內綠化實例集錦

一起來想想，室內植物放置於何處才能最出色吧！客廳裡最顯眼的地方、作為廚房與客廳的間隔、層架或窗前的角落、走廊的盡頭等，再進一步檢視該場所的日照、通風以及動線，最後別忘了考量植物生長後的大小，選擇留有餘裕的植株是很重要的。接下來，請參考本單元室內裝潢與綠植和盆器的搭配吧！

1 寬敞的客廳裡，擺著一株枝葉橫向伸展的穗葉金龜樹（p.78）。看著葉子在傍晚閉合，在早晨舒展，讓人每一天也隨之充滿了活力。
2 客廳入口的正前方，擺飾了斑葉高山榕（p.37）來迎接訪客。陽台上的植栽不僅可以作為室內綠植的背景，還能視植物整體狀況調換配置，平均接受日照。
3 沙發一側靠近天花板處設有高窗，因此擺飾了葉片集中於上方的澳洲火焰木（栽培方式請參照p.136的昆士蘭瓶幹樹），樹型洗練又富有個性。電視一側的植物盆器則配合下方櫃體材質，以木製統一風格。
4 上樓之後，左側是開放式的廚餐廳，右側則是客廳的格局。作為綠植主角的孟加拉榕（p.34）不僅吸睛，還兼具劃分場域的功用，理所當然成為整個室內布置的亮點。

1 作為廚房與客廳隔間的鏽葉榕（p.38），配合沙發、木梁與格柵的色調，選擇深灰色的盆器。透過室內植物，柔化了沙發椅背和廚櫃的冷硬直線。
2 借用露台植栽的景色，室內僅放置一株鵝掌藤（p.62）老樹突顯其存在。因為臨近露台，即使是大型盆栽也很方便移至外頭澆水或噴霧，減輕管理的負擔。
3 窗外的建築物和前方的電視機皆是冰冷無機質的印象，於是以繖序榕（p.32）柔和氛圍。造形簡單但材質有趣的盆器，與雅致的室內裝潢融為一體。
4 劃分客廳與餐廳空間的捲葉榕（p.72）。垂榕會因為環境變化而落葉，不過即使是日照不足的餐廳，透過調整澆水頻率，並且定期轉動植株朝向窗戶來平衡光照，依然能健康栽培。
5 一上樓就是電視所在的客廳，盡頭的窗前放置了綠植營造自然氣息。挑高的天花板配上洋溢律動感的千年木 'Navi'（p.108），讓空間顯得更開闊了。

1 兩張書桌之間以琴葉榕 'Bambino'（p.39）分隔。配合室內桌與磚牆的質感，選用樸實的木框架與陶盆，達成風格的一致性。
2 與臥室相鄰的空間裡，放著令人心緒沉穩的鵝掌藤（p.62）。既有部分遮掩的效果，又兼具隔間的作用，寬廣的空間更加突顯其充滿存在感的身姿。
3 可以透過窗戶看見，一進門也位於目光焦點的印度橡膠樹（p.36）。狹窄的空間雖然限制了盆器的尺寸，但是搭配得宜的細長花盆，反而讓植物看起來比實際上更令人印象深刻。
4 臥室的落地窗前放著一棵鵝掌藤（p.62）老樹。每天醒來，就能享受晨光與綠意的身心療癒。以藍灰色為主調的寢具軟裝中，鵝掌藤的一抹翠綠格外顯眼。
5 與寵物一同休憩的起居室裡放置著斑葉高山榕（p.37）。位於走廊盡頭客餐廳的這個地方，無論身在房間何處都能一眼看見，簡約的空間裡，僅僅一株植物就足以。

1 若是擔心置於狹長窗前的日照或日常維護，不妨先從密葉竹蕉（p.108）之類的強健植物開始栽種，之後再陸續添加即可。
2 利用不會產生溫度變化的電暖器側面吊掛鹿角蕨（p.112）。以漂流木作為固定板材，更添獨特質感，成為營造空間氛圍的焦點。
3 作為開放式客餐廳的象徵樹鵝掌藤（p.62）。在窗外擁有一片綠意的室內放置植栽，可以有效聚焦，呈現洗練簡潔的印象。
4 靈活運用空間，在層架頂端放置蔓綠絨（p.48）享受綠生活的例子。即使是離窗邊稍遠的半陰場所，圖中的蔓綠絨或黃金葛依然能夠生氣蓬勃。

1 窗台亦是擺飾室內植物的絕佳場所，藉由形色統一的盆器，突顯出多肉植物各具特色的色彩與個性外觀。

2 採光良好的畸零空間也很適合用於栽培室內植物。配合狹長的條窗放置小盆栽，充分活用層架配置喜好全日照與半日照的植物。

3 朝北的窗邊有一方想要栽種多肉植物的小空間，於是選擇了耐陰性佳的種類。只要掌握好澆水頻率就能輕鬆培育。

4 廚房的閒置角落正好靠窗，於是擺飾小物之外還種了日本水龍骨（栽培方式請參照p.87的兔腳蕨）。枝葉伸展著輕搖的姿態十分美麗，一盆就足以提升空間的閒適氛圍。

1 利用廚房照明用的燈軌懸掛吊盆，臨近用水設施所以澆水很方便，十分推薦裝飾在此。餐廳裡也看得到的窗邊，因為日照充足，排放了許多造型有趣的大戟屬多肉植物（p.130），小巧卻不失存在感。

2 洗手間的小窗邊以一盆綠植點綴，挑選了海州骨碎補（p.87）來搭配窗台與壁面的風格。由於是強健易栽培的植物，只要注意通風，擺飾在洗手間內也沒問題。

3 離窗邊稍遠的廚櫃平台小角落，充分活用壁面留白，映襯出文竹（右／栽培方式請參照p.84的蕨類植物）纖細美麗的姿態。

4 利用窗簾軌道，將綠植吊盆懸掛其上，櫃子上也擺飾著數盆植栽營造自然氛圍。空氣鳳梨和小物的組合豐富了趣味性，也更添個性。

5 陽光明媚的南側房間，窗前並排著喜好日照的植物，壁面處則是適合半日照的植栽，依據擺飾場所細心規劃，室內植物的組合就能更加多元。水泥色調的盆器也與簡約裝潢融為一體。

植物的栽培

買好植物、決定放置定點後，就開始了你與植物的綠生活。當植物變得虛弱不適時，會一邊發出警訊並且隨著時間日漸枯萎。在每一日的生活中觀察、傾聽植物的心聲吧！新芽的萌生與否，可以視為生長環境是否合適的基準。看見植物健康茁壯地成長，不禁令人心生喜悅。

參考自然界的環境來栽培植物

常言道，植物的栽培要有良好的通風、秋季到春季期間須有適度的日照、夏季則要避免陽光直射，為什麼會這麼說呢？這是因為對植物而言，最好的環境就是大自然的環境，也就是等同自然界。

在自然環境中，即使是沼澤之類濕氣重的地方，也會有徐風吹拂，而降雨量多的土地，土壤會適度吸收水分並排水，不會有長期浸泡在水中的狀況發生。因此若把植物放在門窗緊閉的空間，或是讓盆器底盤長期積水，在這種環境下的植物就太可憐了。此外，沒有任何植物能在完全沒有陽光的環境中生長。雖然書中會標明「具耐陰性」，但這只是代表，即使植物放在較暗的無日照處依然能夠生長，日照不足依然生命力強健。

植物可能會藉由新舊葉片的交替，來適應氣候或環境的變化。能在植物狀況不佳時早期發現，思索為何會生病，並且嘗試用各種方式來改善，正是避免枯萎的栽培要訣。這時不妨參考植物的原生環境，重新調整擺放場所或澆水方式。例如：高大的喬木總是直接沐浴在陽光下，所以適合日照充足的環境。而生長在喬木下的植物，陽光多被喬木遮蔽，因此比起直射的陽光，更喜歡從窗簾透射進來的柔和光線。原產地是沙漠地區？熱帶？溫帶？若仔細思考植物原生地的氣候，察覺其中微小的差異，自然就能從中發現栽培的訣竅。

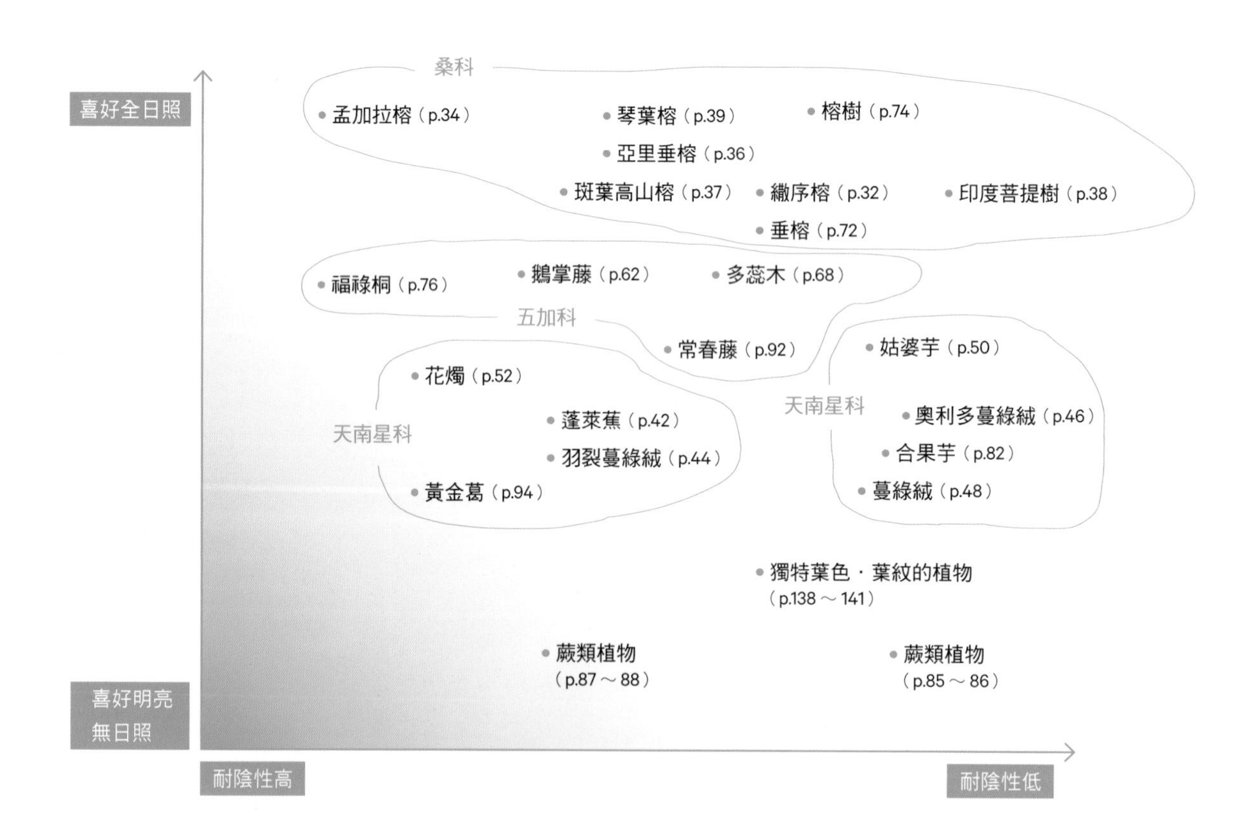

＊上圖以本書刊載的各式植物中，主要科別的植物特性來分類。
＊基本上相較於綠葉，斑葉比較不耐直射強光，耐陰性也較低，但仍會依品種特性而有所差別。
＊即使具有耐陰性，依然會因為澆水或通風環境，造成病蟲害等生長狀況不良的情形，請多加留意。

關於澆水

土壤表面乾燥之後再施給充足的水分，直到餘水從盆底排出為止。這麼作是為了讓水分在儲水空間中存積，建議重複澆水至餘水從盆底排出3次左右為宜。並非「少量多次的澆水」，而是「土壤表面乾燥之後，一次施給大量且充足的水分」。讓水分澈底滲透土壤是非常重要的，或者，更容易理解的說法是「施給和土壤容量相同的水量」。此外，盆器底盤中的餘水是造成潮濕的原因，務必要記得清理。

植物會在「土壤稍微乾燥」到「土壤完全乾燥」的這段期間，努力長出根和葉片。若能在植物感到「我需要水」的時機施給充足的水分，就能將植物的吸水能力和生機發揮到最大極限。多肉植物需要水時，葉片會皺縮，而天南星科、蕨類、榕屬等大型葉片的植物，會呈現枝葉下垂的情形。極端缺水時，為了生存會讓細弱枝條枯萎。出現枝梢乾枯的狀況，則有可能是水澆得不夠多。

若是放置在日照差的環境，即使土壤表面乾了，但很有可能裡面還是潮濕的，若沒有注意仍持續地澆水，就會導致根部腐爛。出現新生葉片徒長（莖幹變細，枝或葉片間的距離突然變長而顯得軟弱的狀態）時，不妨降低澆水的頻率觀察看看。

依據根或莖幹的粗細結構，澆水的頻率也會有所不同。根部或莖幹粗壯的植物，多半具有儲蓄水分的功能，因此要注意通風，避免潮濕悶熱。過於潮濕就會從根部開始腐敗，葉片會變黃掉落。此時千萬不可因為植物沒有元氣就急忙澆水。正因為植物虛弱，造成吸收力也變弱，所以更應該等到土壤變乾，乾燥的根部積極活動＝植物渴望水分的時機，再充分而大量的澆水。至於根細、葉片纖細的植物一旦缺水，出於自我防衛的機制，葉片很容易會急速掉落。及時澆水就會長出新芽，請給予充足的水分吧！

幾乎大多數的室內植物都喜好生長適溫在20℃以上的溫暖氣候。冬季因水分吸收的速度急速減慢，若低溫時期澆水過多，會讓植株降溫而衰弱。此外，冬末春初植物長新芽、結花苞時，土壤很容易急速變乾，很難用幾天澆一次作為原則。因此一旦察覺季節開始轉變，實際用手觸摸土表，掌握適當的澆水時機就變得非常重要。

由於室內不會降雨和結露，對於部分喜好多濕的植物就有必要以水噴灑葉面，維持空氣中的濕度。在不會造成生活負擔的情況下，一邊享受與植物交流的栽培樂趣，一邊研究澆水的方法吧！

種植盆置於盆器內的場合，拿出種植盆放在接水盤等容器上，大量澆水直到從盆底的排水孔流出。

水不再從盆底流出時，將盆栽拿起，待多餘的水分排乾時再放回原位。若是以積水狀態置之不理，悶濕環境會成為發生病蟲害或根系腐敗的原因。

關於土壤

最理想的土壤是排水性佳兼具通氣性良好。單用取得容易、保水性佳且養分比例平衡的市售培養土當然可以，但為了提升排水性與通氣性的機能，建議混入赤玉土會更好。基本的調配比例是培養土2：赤玉土（小粒或中粒）1，喜好乾燥、排水性好的植物，可以混入多一點赤玉土；不耐乾燥的植物只要少量赤玉土就足夠。若是容易乾燥的環境，可以多用一些培養土；日照不足的場所，為了讓土壤能成為乾燥不潮濕的狀態，則可以多加入一些赤玉土，請依照栽培的環境進行調整。土壤介質擁有良好的排水性與通氣性，根系就容易生長，發達的根系則能夠培育出健康茁壯的植物。

以市售的培養土（1）為基礎，配合植物的特性或栽培環境混入赤玉土（2）。為了提高排水效率，基本上會在盆底鋪上數公分高的輕石（3）或赤玉土（大粒）。

關於移植換盆

出現排水變差、根部糾結生長甚至從盆底伸出時，就需要趁根部尚未缺氧前進行移植換盆。適合換盆的時期在四月至十月左右，但請避免酷熱的日子，溫度在20～25℃之間最為適宜。

移植換盆時，先將舊土和舊根去除，並將根團輕輕弄鬆，完成後移入大一號的盆器中。若是不想植物繼續長大，繼續種回同一個盆器中亦可，這時需要適度將老舊根部剪除，再重新種植。此外，若是直接換至太大的盆器，土壤雖然易於保水，但植物根部吸水的節奏卻無法及時改變，反而容易出問題，所以不建議這麼作，還是循序漸進地加大盆器為宜。移植換盆，多少都會對植物造成負擔，因此要避開強光，不要讓放置場所和環境出現太劇烈的變化。

移植換盆時若有切除根部，為了維持根部和枝幹的平衡機制，須剪除等量的枝葉。尤其是擁有纖細枝葉的品種，突然斷根很容易破壞植株本身的均衡狀態，要細心觀察植物，進行適度適量的修剪。

脫盆後若發現盤根現象，以花剪從底部垂直剪出十字切痕，以便疏根，減輕植物的負擔。

填入土壤後，為了讓土壤確實填滿根部之間，以免洗筷或竹籤垂直戳入土中數處，促進穩固。

關於修剪

進行修剪的目的，在於促進通風良好、降低病蟲害的滋生、修整植株形體、讓植株維持健康的狀態。觀葉植物因生長旺盛，所以經常需要將過長的枝葉剪除。基本上，若在長有葉片的莖節上修剪，就會從節處長出新芽，當然也會出現分成兩枝生長的情形。盆栽種植時，長勢強盛的枝條（尤其是當年新生的粗枝）會讓養分過於集中，導致產生許多細弱枝條，因此要多加留意長勢強勁的地方，及時截剪粗枝或過長的徒長枝末端。而在植株健康的情況下，可在初夏時調整同時萌生的新芽數量，剪去多餘枝條有利通風。至於調整樹型的修剪，需要仔細考量想要生長的方向，謹慎決定修剪的位置。

莖上葉片幾乎全部掉光，僅在末端長有葉子的黃金葛。在貼近根部附近的莖節點前方進行截剪，該節點就會再度抽芽，正常生長。

只有一根枝條突兀生長的鑲葉榕。生長格外強勢的枝條，會搶走其他枝葉所需的營養，因此要藉由修剪調整植株的長勢。

常見疑問

Q 到了夏天就顯得無精打采……

A 您的植物是否放在通風不良的密閉室內呢？雖然有部分觀葉植物原生於高溫炎熱地域，但通風不佳的場所會造成悶熱。若是不便開窗的情況，建議利用循環扇等促進空氣流動也好。如果方便澆水，搬到室外放著也可以。

Q 枝梢一直抽長，
枝頭處的葉片卻幾乎掉光該怎麼辦才好？

A 生長於花盆等有限土壤中的觀葉植物，有時會為了持續生長而脫落老葉。特別是原本就偏向大型植株的樹種，藉由修剪來調整生長態勢是必要的。截剪可以促進分枝，以增加枝葉數量的方式來維持盎然外觀。

關於害蟲

葉蟎、介殼蟲等害蟲，特別容易在室內日照或通風不良造成的乾燥葉片上，或場所通風不良使得盆器底盤積水，造成濕度急速增高、悶熱時發生，要小心留意。當植株因為缺水而衰弱時，特別容易發生蟲害，要時時注意澆水頻率以及日照是否不足。害蟲不僅會吸取養分造成植物衰弱，排泄物也會導致植物生病，因此早期發現非常重要。

害蟲的活動期間多在春至秋季，常在新芽或枝幹的凹陷處發現。一旦發現就需噴灑殺蟲劑，驅除害蟲。此外，若葉片表面或盆底周圍的地板出現黏著物質而黏答答時，須立即用濕布澈底擦拭乾淨，或以牙刷等將害蟲刷落。有非常多的害蟲是難以根除的，務必要一個月一次進行檢查。

預防的方法是，經常利用噴霧器在葉面噴水，放置在通風良好的地方，並且注意日照是否充足。氣溫在10℃以上時，不妨將植物移至室外的半日照處進行休養，在自然風和雨露的洗禮之下，反而能喚醒植物的本能，讓植物早日回歸到健康狀態。

介殼蟲

介殼蟲身上覆蓋著看似白色綿絮狀的分泌物，其排泄物也是呈現白色的黏稠狀。由於此害蟲還會誘發煤病，因此一發現就要盡速去除。

葉蟎

俗稱紅蜘蛛的葉蟎種類繁多，大多寄生於葉背吸取營養。葉蟎所在的葉片會出現點狀或網狀白斑。本身畏水，因此在葉片背面噴灑霧水可以有效預防。

關於肥料

觀葉植物是強健且多數容易生長成大型植物，因此並不太需要肥料，但若葉片不太生長、葉色變差，或新芽生長時期，長久未換盆使得土壤養分不足時，則有施肥的必要。此外，為了讓植物在生長期有旺盛的長勢、促進開花或結果等以補給養分為目的時，可施給肥料。

肥料的有效溫度為18℃以上，基本的施肥時期為新芽生長的3月下旬至4月。請避開炎夏或寒冬時施肥，開花或結果的植物可在入秋後再施肥一次。

肥料有固體和液態之分，固體肥料持效性較久，液態肥料則多為速效性。液態肥料通常是以水稀釋，澆水的同時一起進行，約1～2週施給一次。固體肥料有化學肥料和有機肥料之分，一年約1～2次的程度。為了避免造成根部的負擔，將適量肥料置於花盆的最外圍，待其慢慢釋出肥效即可。有機肥亦有改良土壤的作用。

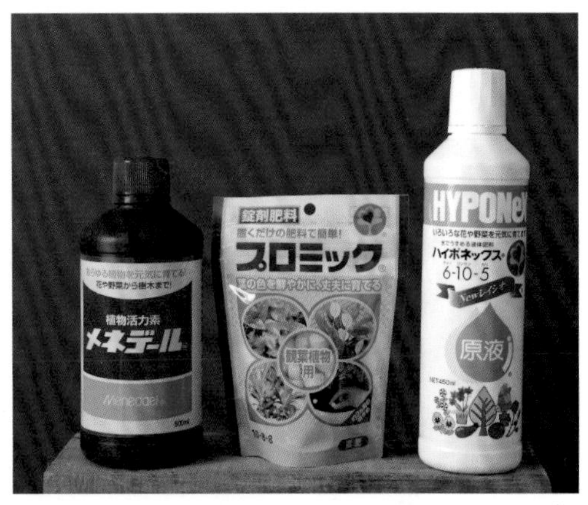

圖右起為液體肥料與固體肥料。左側的活力素並非肥料，而是類似植物的健康食品般，在植物生長勢弱時給予，可以促進生根，提高水分與養分的吸收效率，進而恢復活力。

Q 購入後，植物很快就變得無精打采。

A 從賣場帶回家、日照或澆水的頻率與多寡之類的環境變化，都有可能造成植物為了適應變化而一時「水土不服」。突然的環境變化會給植物帶來壓力，因此，來檢視周遭的變化，是否在植物可接受的範圍內吧！首先，確認是否處於極度缺乏陽光的狀況，接著一次就給予大量而充足的水分，然後在土壤表面乾燥時，再大量澆水一次，以此方式重複一段時間看看。

Q 為什麼會有部分葉子變成褐色呢？

A 首先檢查植株上是否出現了害蟲，仔細翻看莖葉連接部分、葉背與分枝處。排除並非病蟲害與日照不足的因素後，若適逢在氣溫升高的時期，就有可能是老葉枯萎準備萌發新芽。這時要確認澆水是否足量，在澆水時大量澆水，直到盆底溢出至接水盤吧！

本書閱覽說明

在本書中，嚴選出最具人氣的室內植物。關於各個品種，除了以數種植株來作介紹之外，也詳細地說明栽培的方法。

光照

將適合日照的放置位置分成全日照、半日照、明亮無日照等三種來標示，須搭配「栽培的重點」一起參考。

全日照　有直射陽光的位置。但因大多數植物並不耐夏季的強烈日照，避開炎夏的直射陽光較為妥當。

半日照　沒有陽光直射的明亮位置。隔著窗紗有柔和光線的地方等。遮光率80至60%。

明亮無日照　稍微遠離窗邊，不過於陰暗的位置。遮光率60至40%。

品種名

以園藝店常用的名稱（流通名）為主。有些則以學名或通稱來作介紹。

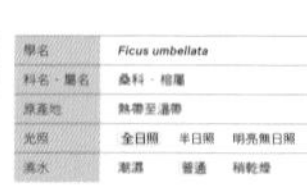

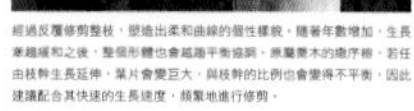

圖片說明

針對品種、植株形體的特徵、盆器的選擇等進行說明。盆器該如何搭配，尤其重要，請務必參考說明。

栽培的重點

將擺放的位置、澆水的方式等栽培重點作了整理。請搭配P.26至29的基本栽培原則一起參考。

基本資料

除了學名、科名．屬名、原產地等資訊之外，也一併標示植物對光線、水分等的需求。

Chapter 1

兼具力&美的室內植物

纖序榕

Umbellata

柔軟且大的心形葉片
給人沉穩柔和的印象，
是十分具人氣的品種。
春季至秋季期間流通量大，
樹型和尺寸等也豐富多樣。
適合搭配明亮、帶有圓弧線條的盆器
融入於自然氣息的室內陳設之中。
在榕屬中，是特別喜好陽光的品種，
不適合在日照不足的環境，
因此除了夏季須避開直射的陽光之外，
秋季到春季期間則需要放置在日照充足之處。

在樹幹約中央處進行修剪，分成兩大枝條之後，再細分出小枝條，整體比例非常平衡協調。搭配簡單俐落的灰色盆器，營造出時尚感。

基本資料

學名	*Ficus umbellata*
科名・屬名	桑科・榕屬
原產地	熱帶至溫帶
光照	全日照　半日照　明亮無日照
澆水	潮濕　普通　稍乾燥

栽培的重點

■ 關於光照

▶ 在榕屬中是特別喜好陽光的品種。初夏至秋季期間可以將植株放置到室外，但若原本是室內栽培，突然移至強光下時，容易使葉片燒焦，因此移動時要隨時留意變化。

■ 關於溫度

▶ 因耐寒性低，若是放置在室外的植株，則須在10月中旬移至室內，且有充足日照的環境中進行管理。

▶ 耐夏季的高溫，但仍須注意是否有良好的通風，且是否悶濕。

■ 關於澆水

▶ 土壤表面乾燥之後，再施給大量且充足的水分。夏季生長期吸取水分的速度快，但在日照不足的環境或冬季須確認土壤表面是否已經變乾燥後再進行澆水。

▶ 在高溫期可以經常利用噴霧器等在葉面噴水。

■ 關於害蟲

▶ 若是日照不足、通風不良，或乾燥的室內，容易在春季至秋季期間發生葉蟎、介殼蟲、粉介殼蟲等蟲害。經常在葉面噴水，或以濕布擦拭葉片，都可以達到預防的效果。

■ 關於修剪

▶ 因生長速度快，若枝條過長，而造成形體走樣、不美觀時，就需要進行修剪。早春時，當枝幹上長出新芽，就要在芽的上方或者葉片的上方進行修剪。多半會從下刀處出現分枝，可一邊預測可能的生長的線條，一邊享受修整的樂趣。切口處會出現橡膠樹特有的白色汁液，須將其擦拭乾淨。

經過反覆修剪整枝，塑造出柔和曲線的個性樣貌。隨著年數增加，生長漸趨緩和之後，整個形體也會越趨平衡協調。原屬喬木的纖序榕，若任由枝幹生長延伸，葉片會變巨大，與枝幹的比例也會變得不平衡，因此建議配合其快速的生長速度，頻繁地進行修剪。

低矮的中型植株。綠色的年輕莖幹生長快速；而米色枝幹較多的植株，形體已大致完成，因此照護較為容易。

孟加拉榕

Benghalensis

白色的枝幹、葉脈、圓形的葉片，
給人時尚且俐落的印象。
生長速度快，新芽不斷長出，
市面上的流通量也大，是人氣品種。
善用枝條的柔軟度所塑造的彎曲形體、
或透過修剪所打造的多樣樹型，
因為變化豐富，能搭配各式各樣的室內風格。
也稱為孟加拉橡膠樹或孟加拉菩提樹，
擁有強韌的生命力，因此在印度，
被視為代表永恆生命的神聖樹木。

孟加拉榕的枝幹容易給人剛硬的印象，但透過不斷修剪，就能營造出柔和的意象。因為枝條向左方延伸，若能配合樹型將植株放置在空間中的右側角落，也能為空間增添幾許戲劇效果。

基本資料

學名	*Ficus benghalensis*
科名・屬名	桑科・榕屬
原產地	印度、斯里蘭卡、東南亞
光照	全日照　半日照　明亮無日照
澆水	潮濕　普通　稍乾燥

栽培的重點

■ 關於光照

▶ 喜好陽光，整年都需要充足的日照。理想的環境是明亮且通風良好的室內。雖有一定程度的耐陰性，但若遲遲未長出新芽時，可能是植株衰弱所造成，此時就要將植株移至全日照之處。

■ 關於溫度

▶ 耐寒性較強，若放置在一般的室內都可順利過冬。耐暑性也強，但仍需注意通風是否良好，且避免潮濕悶熱。

■ 關於澆水

▶ 5至9月的生長期，在土壤表面乾燥之後再施給大量且充足的水分。放置在通風良好的場所，且注意土壤是否有過於潮濕的狀況發生。

▶ 當氣溫低於20℃以下，生長會漸趨緩慢。入秋後，須逐漸減低澆水的頻率；冬季約二至三天一次，在土壤表面乾燥之後再澆水，使土壤保持在稍微乾燥的狀態。

■ 關於修剪

▶ 部分枝條急速生長，導致整個形體走樣，或舊的葉片變枯黃且掉落，當出現這些狀況時，就需要進行修剪。早春時，當枝幹上長出新芽，可以在芽的上方或葉片的上方下刀。若能在4月中旬至5月期間進行，之後長出新芽，到了夏季樹型就能漸趨完整。若一直沒有修剪，任由植株自由生長，就會造成葉片減少，且不夠美觀。切口處會出現橡膠樹特有的白色汁液，須將其擦拭乾淨。

朝向左右兩側伸展的枝條，有著自然的曲線，雖是中型大小的植株卻仍非常具存在感。若搭配復古風的杯型盆器，就能營造出優雅的氛圍。

在原產地能生長成高度約30公尺的大樹。因此若種植在大型盆器中，更能展現出孟加拉榕原有的力與美。植株夠大時，還能見到在枝幹上長出如瘤般的花和果實。

從基部就開始側彎的中型植株。以厚重的盆器取得視覺上的平衡，枝條曲線也顯得輕巧俐落，成為空間中的亮點。

各式各樣的橡膠樹與榕樹類

纖序榕（P.32）、孟加拉榕（P.34）等榕屬的植物，種類豐富。
裝飾時，若能呈現出其強而有力、落落大方的樹型，將會十分漂亮。
大多數品種具有良好的耐陰性、耐旱性，儘管在室內也能健全生長，因此，也非常適合初學者。
若能考量喬木的特性，選擇植株大小、給予合適的環境，
就能長久陪伴在我們的生活中。基本的栽培方法請參考孟加拉榕。

亞里垂榕

原產地於新加坡。從枝幹生長出來的氣根、細長的葉片輕柔下垂的姿態，勾勒出優美的氣質。日照不足、水分不足時會造成葉片掉落，若能放置在日照充足的環境中進行管理，較能健全生長。

印度橡膠樹

又名印度橡膠樹或印度橡樹。有‘Robusta’‘Decora’‘Burgundy’等多數品種。圖中是葉片帶有紅黑色，且有亮澤的‘Burgundy’。修剪主幹，讓分枝朝向左右延伸的樹型，十分漂亮。長時間培育出的左方植株，生長緩慢，枝幹上長出的粗氣根，令人感受到時光流逝。

斑葉高山榕

和孟加拉榕（P.34）同屬市面流通量大的品種。茶色的樹幹，帶有斑紋的綠葉，給人溫和的印象。能成為自然風格的室內陳設、或簡約空間中的視覺焦點。而柔軟彎曲的樹型，正是此品種常有的特質。

印度菩提樹

輕薄的心形葉片，葉片的前端細且長。傳說釋迦牟尼於此樹下悟道，因此被視為「聖樹」。在印度的婚禮，也有將代表丈夫的「孟加拉榕」及代表妻子的「印度菩提樹」種在庭院中的風俗習慣。基本的栽培方法請參考愛心榕（P.32），在明亮的室內栽培，要注意是否有日照不足的狀況，且要避開夏季的直射陽光。

鏽葉榕

原產於澳洲東部，無論是在水邊或乾燥地域都能健全生長。由法國植物學家發現而命名。有亮澤的深綠色細葉片、長有氣根的枝幹，與洗鍊時尚的室內風格非常契合。日照及通風不良時，容易發生葉蟎、介殼蟲等蟲害，需留意。

絨葉榕

粗葉榕的突變品種，新芽與葉背覆蓋著有如絲絨般的軟毛，紅色的枝幹和深綠色的葉片令人印象深刻。大葉片是其特徵，即使是小型的植株，在擺設且選擇盆器時，也要盡量保有讓葉片舒展的空間。

琴葉榕

因葉片狀似提琴，因此得名。因葉片重，且枝幹柔軟，因此能塑造出流線般的彎曲樹型。若搭配堅實的盆器，對比的風格更能襯托出植物的柔美。圖中也是人氣的小型品種'Bambino'。若放置在日照不足，連新芽也長不出來的惡劣環境中，不僅會發生葉蟎和介殼蟲等蟲害，樹勢也會因此衰弱。

趁幼嫩且柔軟時就彎曲的枝條、任其直立且自由延展的枝幹，兩種形狀同時存在於一個植株中。帶有亮澤的圓形新芽十分嬌巧可愛。

海葡萄
Coccoloba

枝幹柔軟，容易彎曲造型，
漂亮的綠色葉片上帶有紅色的主脈。
能成為空間視覺焦點的葉片，
有著可愛的魅力，是非常具人氣的品種，
但因耐寒性不強，所以流通量並不大。
是原本生長在海岸地帶會結出葡萄般的果實。
即使是盆栽種植，若植株夠壯大，仍會開出花朵。
雖屬雌雄異株，偶爾還是會發現樹上
仍可結出紫色果實。

基本資料

學名	*Coccoloba uvifera*
科名・屬名	蓼科・海葡萄屬
原產地	美國南部至西印度群島
光照	全日照　半日照　明亮無日照
澆水	潮濕　普通　稍乾燥

栽培的重點

■ 關於光照

▶ 喜好日照充足且通風良好的環境。但夏季要避開直射的陽光，可放置在隔有窗紗的明亮位置。因為耐寒性弱，冬季尤其需要將植株移至日照充足的環境。

■ 關於溫度

▶ 耐寒性弱，冬季會停止生長。若是放置在室外的植株，則須在10月中旬移至室內，且有充足日照的溫暖環境中進行管理。

■ 關於澆水

▶ 在土壤表面乾燥之後再施給大量且充足的水分。應避免讓植株發生極度缺水的狀況。冬季因停止生長，須確認土壤變乾之後，才進行澆水，並讓土壤維持在稍微乾燥的狀態。

▶ 原是自立生長在海邊等濕氣重的環境，因此，當空氣持續乾燥時，葉片易掉落。此時可在葉面噴水。並且避免空調的冷、暖風直接吹拂。

■ 關於害蟲

▶ 若是日照不足、通風不良，或乾燥的室內，容易在春季至秋季期間發生葉蟎、介殼蟲、粉介殼蟲等蟲害。經常在葉面噴水，或以濕布擦拭葉片，都可以達到預防的效果。

■ 關於修剪

▶ 若因寒冬出現損傷，或開花結束，可在進入春季之後，將植株移至室外沒有陽光直射的半日照環境，同時進行修剪。修剪的基本原則是，當長出新芽時，選擇最適當的位置，至少留下一片葉片，在葉片的上方進行修剪。管理照顧時，若能適度在葉面噴水，則較容易使植株再生。

橢圓形的葉片帶有可愛的迷人魅力。開花或結果時，養分不易送達葉片，容易出現病蟲害，因此請適時適度地摘除花苞。

枝幹的分枝少，因此多以數株集合成一盆的大型植株為主流。葉脈的顏色會隨著生長過程的環境而改變。將有著延展線條的植株，搭配口徑較窄的盆器，反而更能營造出自由舒展的氣息。

蓬萊蕉

Monstera

帶有深裂痕的大葉片，
是特別又具存在感的綠色植物。
葉片強而有力伸展而出的模樣、
枝幹扭曲的姿態、氣根的長法等，
有趣的樹型，值得玩味。
強健易栽培，即使是在日照略為不足的環境，
只要依栽培方法進行管理，也能健康地存活生長。
過於頻繁地澆水，容易造成徒長、根部腐爛，
建議讓根部保持在稍微乾燥的狀態。
可以配合其根部向下伸展扎根的特性，
挑選適合的盆器。

過去流行葉片多，以及利用繁茂生長的藤蔓來作造型。而近年來，則以能觀賞氣根和葉片協調比例的「立根蓬萊蕉」為人氣的主流。直立的氣根，彷彿支撐著大葉片和枝幹，兼具強勁與纖細兩種魅力。

基本資料

學名	*Monstera*
科名・屬名	天南星科・蓬萊蕉屬
原產地	美洲熱帶
光照	全日照　半日照　明亮無日照
澆水	潮濕　普通　稍乾燥

栽培的重點

■ 關於光照

▶ 原本是生長在叢林的喬木下方，因此建議一整年都放置在沒有陽光直射的明亮環境中進行管理。

▶ 雖有一定程度的耐陰性，但仍應避免放置在完全無日照的場所。過於陰暗的環境，根與莖幹會柔弱徒長，根部也會因此衰弱。

■ 關於溫度

▶ 喜好高溫多濕的環境，非常耐夏季的高溫。冬季只要能保持在氣溫5℃以上，就不會出現乾枯狀況，若原本放置在室外，建議移至室內。

▶ 在東京以西的地區鮮少將植株放至室外度冬，但若從夏季開始就放在室外，使植株漸漸適應氣溫，讓根部健全之後，到了冬季就能在室外度冬。若葉片受損時，則須移至室內。

■ 關於澆水

▶ 在土壤表面乾燥之後再施給充足的水分，若澆水次數過多，會造成徒長、根部衰弱，因此須讓土壤保持在稍微乾燥的狀態。若節間過寬、莖部過長時，表示水分施給過多了。冬季或日照不充足的環境，待土壤表面變乾約二至三天之後再澆水。

▶ 天南星科的植物喜好濕度高的環境，除了澆水之外，可以經常利用噴霧器等在葉面噴水，更能使植株健康生長。

■ 關於修剪

▶ 接近植株基部的老舊葉片掉落、莖幹過長、高度過高時，不僅不美觀，且容易傾倒。此時可以將延伸過長的部分剪短，重新塑造整體的比例。若不打算修短時，也可將植株移植至重心較穩固的盆器。因根部有向下伸展扎根的特質，若能利用深長型的盆器，會更為穩定。

▶ 若莖幹過於伸展，遠遠超出盆器時，則可以留下一至兩片葉片，在接近植株的基部進行修剪。新芽會從莖幹重新長出。葉片變少，莖幹長度變短之後，水分的吸收會減少，因此須減低澆水的頻率。修剪下來的莖幹可以利用扦插來繁殖。

葉片有斑紋的蓬萊蕉。品種名的拉丁文原意是「怪物」，如同名字般散發出一種不可思議的魅力。此品種較為敏感，栽培時須注意是否有充足的日照、良好的通風，並避免葉燒的狀況發生。

經過品種改良過後的 'deliciosa Compacta' ，雖然植株小，但葉片上有深且清晰的裂痕。為小型的品種，容易與室內陳設作搭配。一年約長出二至三片的新葉片，生長緩慢。

羽裂蔓綠絨

Selloum

有律動感、生動的葉片，讓人印象深刻。
蔓綠絨獨特的葉痕模樣，
漫溢出一股神祕的異國風情。
枝幹扭曲的姿態、氣根的生長狀態、
葉片伸展的方式等各有其獨特之處，
可依照陽光照射的方向考量擺放的位置，
欣賞植物生長的過程，也是一種樂趣。
栽培天南星科植物的祕訣在於維持空氣的濕度，
同時也要避免過於頻繁地澆水。

悠然自在伸展而出的葉片、以絕妙的平衡感佇立著的枝幹，造就出完美的曲線。為了不讓莖葉越變越長而傾倒，可讓植株背光，讓生長點的另一面面向陽光。

基本資料

學名	*Philodendron selloum*
科名・屬名	天南星科・蔓綠絨屬
原產地	巴西、巴拉圭
光照	全日照　半日照　明亮無日照
澆水	潮濕　普通　稍乾燥

栽培的重點

■ 關於光照

▶ 適合放置在室內明亮的場所，或窗邊的窗紗旁進行管理。過於強烈的陽光會造成葉燒的狀況，須特別留意。

▶ 日照不足的場所容易出現徒長、葉色變差等狀況。讓土壤保持在稍乾燥的狀態，避免根部腐爛。

▶ 從莖部長出的根，是氣根的一種，原本延伸纏繞於大樹上。若是大型的植株，為了讓整體能平衡協調，可隨著陽光的方向來旋轉植株，塑造出樹型。

■ 關於溫度

▶ 喜好高溫多濕的環境，非常耐夏季的高溫，若能有良好的通風，對植株會更加有益。

▶ 平日放置在室外的植株，冬季則須移至室內，在氣溫10℃以上的環境中進行管理。一旦因寒冷而葉色變差時，即可移至室內。

■ 關於澆水

▶ 在土壤表面乾燥之後再施給充足的水分。無論任何季節，澆水的間隔要拉長，讓土壤保持在稍微乾燥的狀態。若是放置在日照不足的環境，可以在看到葉片下垂時再澆水，如此也能預防根部腐爛。

▶ 冬季生長緩慢，在土壤表面變乾約二至三天之後再澆水。水分過多，容易出現葉片瘦弱、莖部徒長的狀況，因此天數只是參考值，平時仍需要多觀察土壤的乾燥程度等。

▶ 天南星科的植物喜好濕度高的環境，除了澆水之外，可以經常利用噴霧器等在葉面噴水，更能使植株健康生長。

大小正適合棚架的中型盆栽。以簡潔外型的盆器，強調葉片的弧度和線條；沉穩的盆器色澤，則能提引出水潤的葉色。

刻意展現出氣根有趣造型的小型盆栽。猶如立在大地上自由生動的姿態，只有小型的羽裂蔓綠絨才呈現得出來。

奧利多蔓綠絨

Kookaburra

留有葉痕的枝幹和氣根相互交纏生長的姿態，
獨特有個性，且給人粗獷的印象。
向四面八方伸展的鋸齒狀葉片，
散發出令人無法忽視的存在感。
若受到夏季的陽光直射，會出現葉燒的狀況，
而若在無日照的環境，植株則無法健全生長，
因此栽培的祕訣在於為它找到適合的環境。
天南星科的植物喜歡濕度高的環境，
平時要避免頻繁地澆水，
讓根部保持在稍乾燥的狀態，
經常在葉面噴水，更能使植株健康生長。

從多數枝幹延伸出的氣根相互交纏，形成非常粗獷的大型植株。枝幹會從植株基部長出，而葉片掉落後會在枝幹上留下葉痕。搭配上厚重的古銅色盆器，不僅使整體平衡協調，且成為視覺的焦點。

基本資料

學名	*Philodendron kookaburra*		
科名・屬名	天南星科・蔓綠絨屬		
原產地	南美洲		
光照	全日照	半日照	明亮無日照
澆水	潮濕	普通	稍乾燥

栽培的重點

■ 關於光照

▶ 適合放置在室內的明亮場所。日照不足時，植株易瘦弱，一旦變衰弱後要恢復原本的狀態並不容易，因此建議放置在全日照至半日照的環境中管理。

▶ 當日照不足時，葉片會變小且開始掉落，也容易發生葉蟎等蟲害。

▶ 不耐夏季的直射陽光，容易出現葉燒焦的狀況，因此若放置在室外，則須作好遮光的措施。

■ 關於溫度

▶ 生長適溫為10℃以上，最低耐寒溫度約為5℃，無法適應劇烈的溫度變化。只要不受霜害，在沒有開暖氣的室內也能度冬。

▶ 若是放置在室外的植株，建議在10月下旬移至室內。

■ 關於澆水

▶ 在土壤表面乾燥之後再施給充足的水分。澆水的次數過多，容易徒長、根部衰弱，因此盡量讓土壤保持在稍乾燥的狀態。冬季在土壤表面變乾約二至三天之後再澆水。特別是日照不足的環境，若水分過多，可能會發生枯死的狀況。

▶ 若老舊葉片向外張開時，有可能是水分不足所造成。

▶ 天南星科的植物喜好濕度高的環境，除了澆水之外，可以經常利用噴霧器等在葉面噴水，同時也有預防蟲害的功效。此外，氣根會吸收空氣中的水分，若氣根長到土壤，會延伸至土中扎根。

■ 關於修剪

▶ 當莖幹伸長，若將主莖剪斷，周圍會分長出子株，植株會變大。子株可切取下來，利用扦插來繁殖，扦插時要留下葉片一至兩片，待切口乾燥插進土中，土壤變乾之後，才施給大量且充足的水分。

■ 關於肥料

▶ 當肥料過多時，葉色會變淺，需特別留意。若要施肥，可選在春季到秋季期間施給緩效性的固體肥料。

金黃色斑葉品種 'Kookaburra Lime'。不規律的斑紋帶有隨興的氣息，因葉色明亮，從自然風到簡潔現代風，可以廣泛地搭配各種室內風格。

和羽裂蔓綠絨（P.44）的葉片相較，葉身細長、有厚度、顏色深綠且較結實。大量的葉片形成繁茂密集的樣貌，粗獷與份量感能為室內增添獨特個性。

各式各樣的蔓綠絨

蔓綠絨的學名*Philodendron* 希臘語為「喜歡樹木」的意思，是攀附在樹上生長的植物。
有蔓性、匍匐性、直立性等多種型態，葉色也豐富多樣。即使是小型的植株，因為葉片的強烈存在感，很容易融入室內風格之中，是營造空間氛圍所不可或缺的單品。
能讓葉色變美的環境就是最佳的擺放位置，只要能掌握擺放的訣竅，管理就會變得簡單容易。
基本的栽培方法可以參考同是蔓綠絨屬的奧利多曼綠絨（P.46）。

龍爪蔓綠絨

從莖節處長出氣根，攀附於其他樹木上的蔓性植物，生長緩慢。葉片裂痕深且明顯是最大的特徵。為了呈現出植株厚重且自然下垂的姿態，可以搭配簡約的水泥素材盆器。

心葉蔓綠絨

有著心形葉片的蔓性植物，又稱為「圓葉蔓綠絨」。有一定程度的耐陰性，且因生長速度快，若能保持在稍乾燥的狀態，即使是在半日照的環境依然能夠健全生長。淡綠色的葉片，能為室內營造出明亮的印象。

〔左上〕

黃金帝王蔓綠絨

萊姆綠的葉片、黃色的莖幹、帶紅色的新芽，是色澤鮮明且美麗的品種。為了要提引出漂亮的葉色，可搭配造型簡約，帶有銀色擦色的水泥材質盆器。

〔右上〕

綠帝王蔓綠絨

蔓綠絨之中生長緩慢且具耐陰性的品種。為了呈現美麗茂盛的濃綠葉片與盆器的平衡比例，且考量到日後會蔓垂的莖葉，所以選擇有圖騰，厚重且帶有古典風味的盆栽作為裝飾。

〔右〕

銀葉蔓綠絨

擁有猶如銀色金屬般且細長葉片的品種。為了配合葉片的顏色，選擇帶有淡淡光澤的盆器。若生長過盛，可以將過長的葉片剪除，修整植株的比例。

姑婆芋

Alocasia odora

彷彿會出現在故事情景中，充滿奇幻又天然的氛圍，
和亞洲風格的空間也非常契合。
澆過水的隔天，葉片前端欲滴的水珠，更添神秘氣息。
根部有毒，在日本被稱為「クワズイモ（不能吃的芋）」，
但也因此不容易發生蟲害，栽培容易。
原是生長在熱帶地區大樹根部旁的植物，
所以只要能打造出和原產地相同的半日照環境，
即使是初學者也能簡單上手。
耐陰性不強，無日照的環境，容易出現根部腐爛的狀況，
建議放置在能照射到柔和光線的位置來進行栽培。

兩片大葉片為視覺焦點的中型植株。適合搭配古董鐵箱作為裝飾，襯托葉片的柔軟和鮮嫩感，營造出輕鬆寫意的市集風。

基本資料

學名	*Alocasia odora*		
科名・屬名	天南星科・海芋屬		
原產地	亞洲熱帶		
光照	全日照	半日照	明亮無日照
澆水	潮濕	普通	稍乾燥

栽培的重點

■ 關於光照

▶ 雖然喜好明亮的環境，但因原本是生長在熱帶大樹根部旁的植物，並不耐夏季的直射陽光，容易出現葉燒的狀況。建議放置在隔著窗紗的窗邊等不過於陰暗的位置。

▶ 當日照不足時，會出現長不出新芽、徒長等狀況，可以作為擺放位置時的參考依據。

■ 關於溫度

▶ 耐寒性較低，葉片會損傷，建議在冬季將植株移至室內。雖然說最低溫度在5℃以上就能度冬，但仍須預防霜害。

▶ 喜好夏季高溫多濕的環境。但若在室內，則須注意通風，避免悶熱。

■ 關於澆水

▶ 在土壤表面乾燥之後再施給充足的水分。排水及通氣性不佳時，容易出現根部腐爛的狀況，因此須讓根部保持在稍微乾燥的狀態。冬季則須減低澆水的頻率。日照不足或氣溫低時，水分過多會使根部腐爛，且會讓植株溫度降低，因此建議在氣溫高的白天進行澆水。

▶ 天南星科的植物喜好濕度高的環境，除了澆水之外，可以經常利用噴霧器等在葉面噴水，更能使植株健康生長。

■ 關於移植換盆

▶ 生長速度快，且根部會變粗，若出現排水變差的狀況，建議在5月前後進行移植換盆的作業。此時若發現有分成二至三小株，可以將其分開，移植至不同的盆器中。

適合放在棚架上，小巧可愛的迷你植株。圓胖的樹幹能療癒人心。要讓會長大的品種維持小巧體積，可使用較小型的盆器，並須注意排水，以及是否有根部糾結的狀況。

為了配合圓形葉片，選擇帶有圓弧的盆器。此外，銀色的盆器也容易與各種室內風格作搭配。枝幹從基部長出的株型，隨著生長，葉片會互相遮礙，外觀比例也會變差，因此建議於根部出現糾結前進行分株。

姑婆芋的花。開花之後會結果實，可以利用果實中的種子來繁殖。

花燭

Anthurium

紅色或白色等，看似花瓣的部分
被稱為「佛焰苞」，是苞片變大而成。
並從上端延伸出棒狀的肉穗花序，
其上開滿了許多小花。
近年，有葉片觀賞價值的品種，流通量增多，
葉片的色彩、紋路、質感等，非常豐富且多樣。
中型的大小尺寸，不僅容易與室內風格作搭配，
而且也易於栽培。
原是生長在大樹下的植物，因此栽培時，
要避開直射的陽光，但仍須確保日照，
並且讓根部保持在稍乾燥的環境中。

明脈花燭的葉片無亮澤，且有特別的紋路。適合粗獷、具有存在感的石材盆器，襯托出植株隨興自在的個性。

基本資料

學名	*Anthurium*
科名・屬名	天南星科・花燭屬
原產地	美洲熱帶
光照	全日照　半日照　明亮無日照
澆水	潮濕　普通　稍乾燥

栽培的重點

■ 關於光照

▶ 建議一整年都放置在沒有陽光直射的明亮環境中進行管理。照射到強烈日光時，會造成葉燒、葉色枯黃，不僅有礙美觀，植株也會因此衰弱。但若日照不足，則會停止生長，可作為擺放位置時的參考依據。

■ 關於溫度

▶ 耐寒性不高，雖然能耐最低7至8℃的氣溫，但葉片會掉落，若想要葉片完整，則至少要維持在10℃以上的氣溫。特別是在冬季建議放置在溫暖且日照充足的位置。

▶ 若希望植株能開花，則需要維持在17℃以上的氣溫。

■ 關於澆水

▶ 在4至10月的生長期，在土壤表面乾燥之後再施給充足的水分。因為根部粗大，不耐過濕的環境，若土壤經常是潮濕的狀態，容易造成根部腐爛。雖然耐乾燥，但若是極度乾燥時，則會從下方的葉片開始變黃且掉落。須確認新芽的葉色，掌握澆水的時機。

▶ 冬季須減少澆水的次數。氣溫若變低，生長會隨之停止，根部不需要水分，等到土壤完全變乾後再澆水即可。因喜好濕度高的環境，若有保持一定程度的氣溫時，則可以利用噴霧器等在葉面噴水。

■ 關於害蟲

▶ 當日照不足、通風不良時，容易出現介殼蟲等蟲害。在葉面噴水，可以達到預防的效果。

■ 關於移植換盆

▶ 若出現根部糾結的狀況，生長狀況會變差，不易結花。建議兩年一次，在6至7月中旬，利用通氣性佳的土壤，進行移植換盆。

▶ 移植換盆時，若發生植株增多，可以進行分株。一個盆器種植二至三株，如此一來，外觀就會均勻好看。

▶ 若葉片少，換盆時可以在土中加入基肥。

開始結果的明脈花燭，熟成後轉變為橘色。葉片若增多，更容易開出花朵。

觀花類的經典品種。花色除了白色之外，尚有紅、綠、粉紅、紫色等受歡迎的盆花品種。

有著亮澤大葉片的觀葉品種。
粗獷且散發出強而有力的美，具有高人氣。

葉片呈圓柱形的燈心草葉天堂鳥 'Strelitzia juncea' 是極樂鳥花 'Strelitzia reginae' 的突變種。猶如現代風格的藝術作品一般。若搭配像水缽等簡潔且有穩定感的盆器，能讓充滿活力、自由伸展的葉片，更具生氣。

天堂鳥

Strelitzia

品種不同，葉片給人的感覺也會截然不同。
白花天堂鳥絢爛華麗，漫溢出南洋風情；
被稱為「天堂鳥」的 'Strelitzia reginae'，鮮豔的橘色花朵非常討喜；
突變種的燈心草葉天堂鳥，獨特、帶有洗鍊氣質。
強健易栽培，且能依室內風格挑選適合的品種，這也是天堂鳥的魅力之一。
若放置在日照充足的場所，新芽會不停生長延伸，成為茂密且大的植株，
散發出讓人無法忽視的存在感。

基本資料

學名	*Strelitzia*
科名・屬名	旅人蕉科・鶴望蘭屬
原產地	南非
光照	全日照　半日照　明亮無日照
澆水	潮濕　普通　稍乾燥

栽培的重點

■ 關於光照

▶ 喜好直射的陽光，秋季至春季須讓植株充分接受日照，但炎夏時要有遮光措施。當日照不足時，葉柄會變細，整體葉片會出現下垂的狀況。若一直未長出新芽，或新芽較瘦弱，極有可能是日照不足所造成。

■ 關於溫度

▶ 耐夏季的高溫多濕，耐寒性也高。只要氣溫在2至3℃以上，就能在室內度冬。

■ 關於澆水

▶ 天堂鳥具有肉質根系，能儲蓄水分，是耐乾燥的植物，但因春季至秋季是旺盛的生長期，在土壤表面乾燥之後就要施給充足的水分。冬季因寒冷，生長變緩，須減少澆水的次數，讓土壤保持在稍乾燥的狀態。

▶ 水分不足時，葉片前端會變茶色且乾枯，可以作為澆水的判斷依據。

▶ 在溫暖的季節可以經常在葉面噴水；一年內施給肥料一至兩次。

■ 關於害蟲

▶ 雖有一定程度的耐陰性，但當日照不足、通風不良時，容易出現介殼蟲等蟲害。在葉面噴水，可以達到預防的效果。

■ 關於分株

▶ 喜好排水性佳且肥沃的土壤。當新芽不斷生長，植株變大，根部已長滿整個盆器時，就需要進行分株移植。

白花天堂鳥花朵為白色至淡藍色，在原生地能長成高約10公尺的大樹。葉片能襯托出優雅的氛圍，呼應「尼古拉一世」帝王之名。若放置在古典風格的空間之中，更能營造出存在感。

如鉛筆般細長、無葉片的 'NonLeaf' 是天堂鳥的突變種。正因獨特有個性，所以刻意搭配隨興休閒的細長盆器，讓植株自然融入空間風格。

美葉蘇鐵

Zamia

大部分的樹幹位於地面以下，
並從粗大樹幹上呈放射狀長出葉片。
多數的葉片沿著主脈的左右兩側伸展，
也有部分品種帶刺。
變成老株之後，生長速度減慢，
同樣的樹型能長時間觀賞。
植株會從幼苗成長變大，
須依照生長狀況適時進行移植換盆。
栽培容易，且有存在感，
適合初學者栽種。

具代表性的美葉蘇鐵，圓潤的葉片給人柔和的印象，亦稱「墨西哥蘇鐵」。為營造出墨西哥風，選用帶有藍綠色的盆器來搭配深綠的葉色。先決定好風格主題再來裝飾，也是賞玩的方式之一。

基本資料

學名	*Zamia*
科名・屬名	蘇鐵科・美葉蘇鐵屬
原產地	南美洲、墨西哥
光照	全日照　半日照　明亮無日照
澆水	潮濕　普通　稍乾燥

栽培的重點

■ 關於光照

▶ 建議一整年都放置在日照充足的環境。若日照不足，葉片容易徒長且下垂。

▶ 夏季讓植株盡量接受陽光的照射；冬季則放置在窗邊等有陽光透射的位置。

■ 關於溫度

▶ 耐寒性不高，若不是在溫暖的地區，為了避免霜害，須將植株移至室內。10℃以上的氣溫較為理想。

■ 關於澆水

▶ 耐乾燥，不耐過於潮濕的環境。春季至秋季期間，當土壤變乾後再澆水，冬季約兩星期澆水一次即可。但若水分過少，也會出現葉色變差，甚至有枯死的可能。

■ 關於害蟲

▶ 當日照不足、通風不良時，以及在春季至秋季期間容易出現介殼蟲等蟲害。在葉面噴水，可以達到預防的效果。

■ 關於移植換盆

▶ 生長速度緩慢，因此很少出現因為根部糾結而需要換盆的狀況。但仍建議四年一次，當土壤的養分已不足，植株缺少活力時，利用排水性佳的土壤（混和赤玉土、鹿沼土、砂）進行移植換盆，以分株法來繁殖。

向接近地面處四面八方伸展葉片的狹葉美葉蘇鐵。利用古樸沉穩的甕，增添葉片的豐富姿態。

小型的美葉蘇鐵。猶如幸運草的可愛葉片，深得女性的喜愛。考量到日後植株的成長，以及葉片伸展的姿態，選用適合的盆器。

佛羅里達美葉蘇鐵生長在松樹、橡樹的樹林中，有著柔嫩的葉片，和一半露在地面上，凹凸不平且肥大的莖部。生長緩慢，植株的姿態就猶如盆景一般。

棕櫚類

Palmae

說到棕櫚類植物，浮現在腦海中的
常會是海邊的街道樹——加拿利海棗，
但市面上其實還有其他豐富的品種。
若想要營造出現代風的優雅氣息，
棕櫚是不可或缺的選擇。
不僅具耐陰性，生長速度也緩慢，
能滿足一般人對室內植物所期待的條件。
與圓形葉片的樹木或耐乾燥的仙人掌作搭配時，
會是稱職的配角，完美地襯托出主角的美麗。

蒲葵

學名　*Livistona rotundifolia*
屬名　蒲葵屬
原產地　東南亞、沖繩

葉片如手掌般向外大大地張開。利用簡潔造型的古銅色盆器，強調出葉片的鮮嫩感。帶有冷冽質感的盆器和棕櫚的組合，能與和風、亞洲風、歐風、現代摩登等各種風格作搭配，成為簡約空間中的視覺焦點。

基本資料

學名	記載於各品種中
科名	棕櫚科
原產地	記載於各品種中
光照	全日照　半日照　明亮無日照
澆水	潮濕　普通　稍乾燥

栽培的重點

■ 關於光照

▶ 喜好日照充足的環境，但夏季要避開直射的陽光，可放置在隔有窗紗的明亮位置。照射到強烈陽光時，容易出現葉燒、枯黃的狀況。雖具耐陰性，但若在無日照的環境中栽培，葉片的色澤會變差，且容易發生病蟲害，最好移至明亮之處。

■ 關於溫度

▶ 冬季葉片會因寒冷而出現損傷，若想維持葉片的完美，須在5℃以上的氣溫進行管理。因品種不同耐寒溫度也會不同，若平時放置在室外，冬季則須將耐寒性低的品種移至室內。

■ 關於澆水

▶ 喜好稍潮濕的環境，在土壤表面乾燥之後再施給充足的水分。冬季須減低澆水的頻率。

▶ 喜好濕度高的環境，澆水的同時，可以利用噴霧器在整個植株噴灑大量的水。或以澆水壺從葉片的上方灑水，也有效果。

■ 關於害蟲

▶ 高溫且乾燥的環境，容易發生葉蟎、介殼蟲等蟲害。在葉面噴水可以達到預防的效果。而通風不良的環境也會出現介殼蟲。

■ 關於移植換盆

▶ 當出現根部糾結，根部從盆底伸出，或不易長出新芽等狀況時，可以在4至6月期間進行移植換盆。約兩至三年進行一次。

酒瓶椰子

學名　*Mascarena lagenicaulis*

屬名　酒瓶椰子屬　原產地　馬斯克林群島、模里西斯共和國

植株基部像酒瓶般鼓起，及葉片前端的橘色也是特徵之一。生長速度緩慢，雖具耐陰性，但耐寒性不強，須特別注意溫度的管理，維持在10℃以上的氣溫。如酒瓶的部位，有儲蓄水分的功能，因此也要注意不要澆水過多。

小穗玲瓏椰子

學名　*Chamaedorea microspadix*

屬名　茶馬椰子屬

原產地　中南美洲、美洲熱帶

低矮、單枝直立型的棕櫚。在棕櫚科中屬於耐寒性佳的品種，但為避免霜害，冬季須移至室內栽培。向外伸展的羽狀葉片，若搭配有圖紋的中高型盆器，便能營造出時尚感。

魚尾椰子

學名 *Chamaedorea tenella*
屬名 茶馬椰子屬 原產地 中南美洲

取名自希臘語「小禮物」的意思。在棕櫚的品種中，較耐陰、耐寒、耐乾燥，而且不容易發生蟲害，因此容易栽培。散發金屬光澤的葉片，若有一定程度的遮光措施，銀色會更為明顯。綠色葉片和橘色花蕾的對比，既漂亮又時尚。

窗孔椰子

學名 *Reinhardtia gracilis*
屬名 窗孔椰屬
原產地 美洲熱帶

又稱為「馬勞蒂氏椰子」，特徵是葉片中央部分的網目狀孔洞。在過去，有一定程度的生產量，但近年已成為稀少珍奇的品種。搭配簡潔造型的盆器，更能襯托出排列工整且纖細的葉片。

叢櫚

學名 *Chamaerops humilis*
屬名 叢櫚屬
原產地 地中海

耐寒性高，東京以西的地區能在室外度冬。強健的品種，耐乾又耐濕；耐無日照的環境，也耐直射的陽光，同時也具耐潮性。沉穩的氣質、銀藍色的葉片能營造出時尚且洗鍊的氛圍。

Chapter

2

細緻柔和的室內植物

鵝掌藤

Schefflera

大多數鵝掌藤強健易栽培，
因此市面上的流通量大。
因枝幹柔軟，且生長速度快，
所以塑型的方式也自由多變。
可以依照室內風格選擇喜愛的樹型，
如俐落的樹型、柔和的樹型、
具存在感的樹型等，
這也是鵝掌藤的一大魅力。
雖然喜好日照充足的環境，
但稍微日照不足也能健全生長。

鵝掌藤經
瘦長樹型
器，讓整

基本資料

學名	*Schefflera*		
科名・屬名	五加科・鵝掌柴屬		
原產地	中國南部、台灣		
光照	全日照	半日照	明亮無日照
澆水	潮濕	普通	稍乾燥

栽培的重點

■ 關於光照

▶ 喜好陽光充足且通風良好的環境，但要避免夏季的直射日光。雖然具耐陰性，能適應各種場所，但若日照、通風不良時，容易出現葉蟎，造成植株軟弱、葉片掉落，因此建議放置在不會影響生長，有一定程度日照之處。

▶ 在日照不足環境中生長的植株，若突然受到陽光直射，會發生葉燒的狀況，轉換環境時須循序漸進。

■ 關於溫度

▶ 具耐寒性，東京以西的地區雖然能在室外度冬，但葉片容易受寒害，冬季仍建議移至室內管理。

■ 關於澆水

▶ 在土壤表面乾燥之後再施給充足的水分。耐乾燥，所以須減低澆水的頻率，可以讓植株更結實，且強健。

▶ 冬季因土壤不容易變乾，須減少澆水的次數。若空氣乾燥，可以在溫暖的上午，在葉面噴水。

▶ 夏季是生長期，要留意是否有缺水的狀況。

■ 關於害蟲

▶ 日照、通風不良，空氣乾燥時，容易發生葉蟎等蟲害。早期發現，即可進行殺蟲作業。若放任不管，害蟲會吸取養分，甚至使植株枯死。在葉面噴水也可以達到預防的效果。

■ 關於修剪

▶ 一整年之間都能進行修剪。生長速度快，且具有直立伸展的性質，當植株整體的比例不協調，或只有一根枝幹不斷伸長時，即可進行修剪。

▶ 開花時，植株的養分容易集中至花朵，且容易出現蚜蟲，為維持植株的健康，須盡早將花朵從花梗處剪除。

枝幹密實且有細小枝、整體繁茂的鵝掌藤給人柔和的印象。搭配造型簡單、自然風格的盆器，就能營造出舒適放鬆的氛圍。

鵝掌藤的品種「小傢伙」，因半著生的特性，會從枝幹長出許多氣根。利用古董集水器來種植，營造出自然風情。因植株低矮，枝葉細緻，可作為裝飾。

各式各樣的鵝掌藤

除了一般常見的鵝掌藤之外，在市面上有非常多的品種，
多蕊木 *'Schefflera pueckleri'* （P.68）也是其中一種。
依照尺寸大小、樹型、葉片的不同，給人的印象也會不同，
是常見的觀葉植物。正因為簡潔低調，
所以沒有過分主張的存在感，
卻能因盆器的搭配而變得更加豐富有趣。
基本的栽培方法請參考P.63。

魚尾鵝掌藤

葉片的前端有裂痕，小且可愛。稍微加工讓枝條彎曲，或者透過修剪，就能打造出和復古盆器契合的盆栽造景。

斑夜魚尾鵝掌藤

端裂鵝掌藤的葉片上多了斑紋，和綠葉相較更為纖柔，因此須特別留意通風和日照。葉片的黃和盆器的黑形成對比，適合不過於甜美的室內風格，更顯清爽俐落。

〔左頁〕

星光閃耀鵝掌藤

原產於東南亞、菲律賓。猶如豆莢般的葉片，搭配有圖樣的翡翠綠盆器，散發出成熟與個性美。美麗葉片上的凹痕，反而容易出現介殼蟲，在葉面噴水可以達到預防的效果。

狹葉鵝掌藤

細長的葉片給人俐落的印象。時尚感中又帶有和風的氣質，只要改變搭配的盆器，和簡約洗鍊的室內陳設也能非常契合。

乳斑鵝掌藤

葉片上有黃色斑紋的品種。和綠葉植物搭配時扮演著重要的角色，能夠發揮跳色的效果，讓整體視覺更加分明。

袖珍鵝掌藤

經過精心安排的生長走向、根部被扭轉彎曲的枝條是其特徵，
和中央呈漂亮流線的枝條勾勒出明顯的對比。
為了襯托出株型，以造型簡潔的盆器來搭配。

多蕊木

Puecklerí

將盆栽放置在棚架上，想像其在大自然中的景象，呈現出流線造型。猶如生長在斷崖上植物的姿態，因此被稱為「懸崖」。

多蕊木不僅生長速度快，枝幹還能彎曲，且會變粗，
對於想要尋找獨特樹型的人來說是極佳的選擇。
被稱為「曲幹」，有著珍奇的樹型，
因此在市面上的流通量大。
是鵝掌藤屬的一種，但葉色濃，葉片大且柔軟。
若放置在日照充足的環境，基本上並不難栽培。
因生長速度快，須透過適度地修剪，修整出漂亮的姿態。

基本資料

學名	*Schefflera pueckleri*
科名・屬名	五加科・鵝掌柴屬
原產地	印度、馬來半島、亞洲熱帶
光照	全日照　半日照　明亮無日照
澆水	潮濕　普通　稍乾燥

栽培的重點

■ 關於光照

▶ 日照充足的室內最為理想。夏季須避開直射的陽光，可以放置在隔有窗紗的明亮環境中。無日照的環境再加上澆水過多，容易出現徒長、根部腐爛等狀況。因此不建議長期放置在無日照的位置。若遲遲未長出新芽，即需要移動放置處。

■ 關於溫度

▶ 耐夏季的高溫多濕，但若是在室內，仍須確保通風，且避免悶熱。因耐寒性低，若是放置在室外的植株，10月下旬須移至室內，且有充足日照的環境中進行管理。

■ 關於澆水

▶ 春季至秋季期間，在土壤乾燥之後，再施給大量且充足的水分。冬季因土壤不容易變乾，須減少澆水的次數。耐寒性不高，氣溫過低時，會使植株的溫度降低，因此避免在晚間澆水，且應減低在葉面噴水的頻率，澆水須在氣溫高的上午進行。

▶ 日照不足的環境，若澆水過多，會導致根部腐爛。澆水前確認土壤是否乾燥，或葉片下垂後再進行澆水。

■ 關於害蟲

▶ 當日照、通風不良，且空氣乾燥時，容易發生葉蟎、介殼蟲等蟲害。害蟲多附著於新芽上，若發現則須將其切除。在葉面噴水可以達到預防的效果。

■ 關於移植換盆

▶ 在5至9月的生長期進行。植株從盆器中取出時，若發現根部生長狀況不佳，或改變土壤的種類時，要特別留意移植換盆後擺放的位置。能夠避開夏季的直射陽光，且日照充足的環境最佳。

■ 關於修剪

▶ 枝幹交雜紊亂，新芽延伸過長等，造成整體外觀變差時，則須進行修剪工作。將交雜的部分修整，不僅能讓通風變好，也有預防病蟲害的功效。當生長點只有一點時，先觀察植株，若長勢佳，可在葉片的基部上方修剪，新芽會從修剪處生長出來。

向上直立生長的大型植株，經修剪後長出分枝。猶如森林中的綠樹一般，卻又帶有高雅氣質的樹型，若搭配獨特的舊木材盆器，便更能融入室內風格之中。

容易彎曲造型的多蕊木標準樹型。不過，這是塑型方式的其中一種類型，植株的表情仍會隨著各個個體而有所不同。因頂端的葉片會比其他葉片大，若進行修剪，分枝後長出的新葉片會比原葉片來得小。

馬拉巴栗

Pachira

強健且容易栽培，
普及度高且人氣旺盛。
因生長速度快，且易長出側芽，
讓枝幹長粗，或彎曲等，
即能塑造出各式各樣不同的樹型。
單一枝細枝幹，且直立高長的樹型；
枝幹短、胖，且低矮的樹型，
不同的樹型會帶來不同的印象，
適合和各種室內風格作搭配。
對病蟲害的耐性強，耐修剪，
且具耐陰性，能滿足一般人對
室內植物所期待的條件。
莖葉會不斷從枝幹的頂端長出，
須透過修剪，修整出漂亮的樹型。

葉片上有迷彩圖樣斑紋的品種銀河。兩根枝幹彎曲交纏的姿態很具魅力。若能避開直射的陽光，同時留意是否有日照不足的問題，銀河在纖細嬌弱的斑葉植物是較容易管理的品種。

基本資料

學名	*Pachira*		
科名・屬名	木棉科・馬拉巴栗屬		
原產地	美洲熱帶		
光照	全日照	半日照	明亮無日照
澆水	潮濕	普通	稍乾燥

栽培的重點

■ 關於光照

▶ 建議一整年都放置在沒有陽光直射的明亮環境中栽培。雖然有一定程度的耐陰性，但若日照過於不足，植株則會徒長、使得外觀變差，而且容易發生蟲害。

▶ 秋季至春季期間，放置在明亮的位置最為理想。但是直射的陽光，可能會發生葉燒的狀況，因此建議放置在上午有陽光，下午無日照的場所，或一整天都在明亮無日照的環境中栽培。

■ 關於溫度

▶ 耐夏季的高溫多濕，但仍須確保通風，且避免悶熱。為了保持葉片的完美，冬季須移至室內溫暖的環境中進行管理。若葉片開始有損傷，可以試著改變擺放的位置。

■ 關於澆水

▶ 5至9月為生長期，在土壤表面乾燥之後再施給充足的水分。土壤變得稍乾燥的話，則須拉長澆水的間隔，確認土壤表面已完全變乾之後才澆水。秋季至冬季期間，須漸漸減少澆水的次數，進入寒冬之後，則須在土壤表面變乾約2至3天之後再澆水。但若冬季氣溫仍維持15℃以上的環境，則依照原本的方式澆水。澆水的要訣在於不要過濕。

■ 關於修剪

▶ 當根部已經布滿整個盆器，出現根部糾結的狀況時，下方的葉片會開始掉落。可將沒有葉片的枝幹剪短，重新修整樹型；當新芽急速變長，整體比例變差時，也可進行修剪。因為生長旺盛，無論在枝幹的任何一處修剪，都能從側邊長出新芽。

刻意讓枝幹粗壯的樹型。選擇盆器的形狀，讓整體呈現出菱形。因馬拉巴栗原本為高大的樹木，時而會長出大片的葉片，可以經常進行修剪，讓新葉片長出，重整植株的樹型。

基部的枝幹彎曲之後即直立朝上生長的樹型。經過長時間不斷修剪所塑造出的樹型，充分展現出馬拉巴栗的特質。搭配素材和形狀都簡潔的盆器，襯托出枝幹的纖細。

垂榕

Benjamina

小巧的葉片繁多茂密，
給人細緻且柔美的印象。
枝幹細且柔軟，
若葉片過多，會因太重而下垂，
若能適度地修剪，邊讓枝幹變粗，
邊修整出樹型，整體比例會越來越平衡好看。
基本上來說是容易栽培的植物，
可以為了適應環境而努力生存，
建議找到能讓它長出新芽的最佳位置。
但若突然移動，或者擺放在不適當的位置，
可能會出現葉片突然掉落的狀況。

葉色為深綠色，稱為‘Black’的品種。枝幹從接近根部處就開始分枝，因而葉片繁茂、布滿整體。建議選用大地感、白色且厚重的盆器，襯托出葉片的纖細柔軟。

基本資料

學名	*Ficus benjamina*		
科名・屬名	桑科・榕屬		
原產地	亞洲熱帶、印度		
光照	全日照	半日照	明亮無日照
澆水	潮濕	普通	稍乾燥

栽培的重點

■ 關於光照

▶ 喜好陽光，應盡可能在日照充足的環境中栽培。如此不僅葉色美、有亮澤，植株也能健康生長。春季至秋季的生長期，也可以將植株放置在室外有充足日照處。

▶ 從明亮的位置突然移至陰暗處時，因為環境急速變化，葉片會掉落。須觀察植株的狀況，慢慢地更換環境。

■ 關於溫度

▶ 因耐寒性低，若是放置在室外的植株，則須在10月中旬移至室內溫暖且明亮的環境中進行管理。

■ 關於澆水

▶ 春季至秋季期間，在土壤表面乾燥之後再施給充足的水分。新芽生長的春季至夏季期間，須避免讓植株缺水。可以經常利用噴霧器等在葉面噴水。冬季在土壤表面變乾約二至三天之後再澆水，讓土壤維持在稍乾燥的狀態。

■ 關於害蟲

▶ 日照不足、通風不良時，容易發生葉蟎、介殼蟲等蟲害。經常在葉面噴水，可以達到預防的效果。

▶ 害蟲不僅會吸取植株的養分，排泄物也會導致黑黴病。一旦發現葉片表面沾有黏著物質，須盡速以殺蟲劑驅除。並放置在日照充足且通風良好的環境中管理。

■ 關於移植換盆

▶ 當植株變大，排水變差時，則可以在5至7月期間，移植至大一吋的盆器。大約二年至三年進行一次。若根部的糾結狀況過於嚴重時，會造成下方的葉片掉落。

■ 關於修剪

▶ 生長速度快，耐強剪，因此隨時都可進行修剪工作。為使樹型的比例平衡好看，且讓通風變好，基本上須在小枝幹的葉片上方修剪。

▶ 新芽生長過於旺盛時，老舊葉片會變黃且掉落，因此建議將長勢過盛的葉片剪除。

葉色為淡綠色的品種。經過修剪，塑造出茂密且有圓弧形的樹型。特地選用厚重、有穩定感的古銅色盆器，來襯托出「く」字形的枝幹。其葉片茂盛，也可以作為屏風使用。

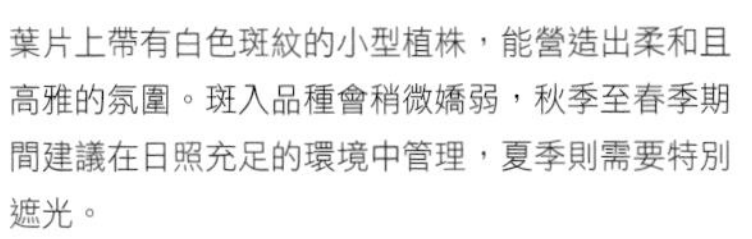

葉片上帶有白色斑紋的小型植株，能營造出柔和且高雅的氛圍。斑入品種會稍微嬌弱，秋季至春季期間建議在日照充足的環境中管理，夏季則需要特別遮光。

刻意讓柔軟彎曲、細枝幹上的葉片，左右兩邊的份量不同，塑造出不對稱的樹型，不僅適合放置在空間中的角落，也容易與家具作搭配。以帶紫色的藍色盆器，營造時尚雅致的氣息。

榕樹

Microcarpa

在原產地會從枝幹上延伸出無數氣根，
甚至能生長到高達二十公尺，
傳聞因有樹靈棲息，而被視為聖樹。
市面上可見從大型植株到小型植株、
從粗枝幹到細軟的枝幹等各式各樣的類型。
因會長出氣根，而喜好水分，但仍應避免澆水過多，
須在日照充足的環境中栽培，而且土壤變乾之後，
再施給大量且充足的水，植株就能健康成長。

基本資料

學名	*Ficus microcarpa*		
科名・屬名	桑科・榕屬		
原產地	東南亞至台灣、沖繩		
光照	全日照	半日照	明亮無日照
澆水	潮濕	普通	稍乾燥

栽培的重點

■ 關於光照

▶ 喜好陽光及通風良好的環境，春季至秋季期間若放置在室外日照充足的場所，植株會更加結實健壯。秋末時，須移至室內日照充足之處。若日照不足，會發生枝葉徒長、葉色和亮澤度變差、葉片掉落的狀況，這時就需要移動擺放的位置。

■ 關於溫度

▶ 最低耐寒溫度為5℃至6℃，若低於5℃以下，葉片會變黃、掉落，因此建議冬季在室內栽培管理。儘管葉片掉落，但只要能維持一定程度的氣溫、高濕度，到了春季仍有可能會長出新芽、重新復甦。

■ 關於澆水

▶ 春季至秋季是旺盛的生長期，需要非常多的水分，但原則上仍要在土壤表面乾燥之後再施給充足的水分。缺水時，會從上方的葉片開始乾枯，要特別留意。

▶ 為了提高空氣中的濕度，可以利用噴霧器在整個植株噴灑大量的水。

▶ 若在日照不足的環境，須注意不要澆水過多。可觀察新芽是否正常生長，來決定澆水的頻率。

■ 關於移植換盆

▶ 當出現排水變差、根部糾結、根部從盆底伸出時，則須進行移植換盆的工作。較容易出現根部糾結的狀況，建議兩年一次，確認根部的生長狀態。

■ 關於修剪

▶ 因為是會長成高大的樹種，因此可以視植株整體的狀況，在5至6月時進行修整。修剪之後，能增加枝數，塑造出比例漂亮且茂密的姿態。邊觀察植株的樹型，邊在細枝條的葉片的上方下刀修剪，新芽會再陸續長出。

▶ 長勢特強的枝幹，若放任不管，容易特別突出，破壞整體樹型。這時可以在枝幹上留下一至兩片葉片，其餘剪除。若出現交雜的枝幹，或阻礙其他枝幹生長的粗大枝，則須將整個枝幹從基部剪除。而其他枝條則可以視整體的平衡剪除雜枝，將植株修整到原本的1/2至1/3大小，讓整體的通風變好。

圓葉榕有著厚實、蛋形的葉片，是一般榕樹的突變，且商品化後的品種。同時具備了造型、彎曲度、氣根等榕樹的特徵。

被塑造成猶如生長在原產地中的大樹一般，植株雖小，卻能讓人聯想到沖繩寬闊的大自然。枝葉會有延伸過長的狀況發生，可以經常進行修剪，以盆栽造景來栽培。

裂葉福祿桐的大型植株，有著美麗的彎曲弧度。趁莖幹仍是綠色時，就彎折並塑造樹型，讓植株展現豐富表情。柔軟的葉片與帶有土壤質感的盆器，是完美的搭配組合。

福祿桐

Polyscias

能輕鬆自然地融入洗鍊的空間之中。
春季至秋季期間，市面上的流通量大，
再加上具有新穎性，因此備受注目。
主流的品種為裂葉福祿桐。
細長帶有裂痕的葉片，獨特又具個性，
由許多纖細的葉片構成猶如森林般的茂密姿態。
雖然喜好陽光，但也能適應無日照的環境。
耐寒性弱，在無日照的地方，或者冬季要減低澆水的頻率。

基本資料		
學名	*Polyscias*	
科名・屬名	五加科・福祿桐屬	
原產地	亞洲熱帶、玻里尼西亞	
光照	全日照　半日照　明亮無日照	
澆水	潮濕　普通　稍乾燥	

栽培的重點

■ 關於光照

▶ 喜好陽光，雖然春季至秋季期間，能在室外栽培，但炎夏時須作好遮陽措施。在室內栽培的植株，若突然移至強光下，會出現葉燒的狀況。冬季若能放置在日照充足且溫暖的室內，最為理想。

▶ 當環境改變時，例如從日照充足處移至無日照處等，會出現老舊葉片掉落的狀況，但因對於環境的適應力很強，所以先別著急，只要按照原本的澆水方式來照顧，就會再重新長出適合該環境的新芽。當新芽長出時，即表示植株已經適應了新的環境。

■ 關於溫度

▶ 最理想的是氣溫約為20℃上下的溫暖環境。耐寒性弱，最低耐寒溫度約為10℃以上。不耐急速的溫度變化，因此不可突然移至寒冷之處，冬季則須放置在有溫暖日照的環境中管理。

■ 關於澆水

▶ 夏季水分吸收快，在土壤表面乾燥之後再施給充足的水分。此外，高溫期時，可以經常利用噴霧器在葉面噴水。

▶ 冬季寒冷，水分的吸收會突然變慢，為了不讓水分過多，須確認土壤的乾燥程度，來調整澆水的頻率。冬季可以在溫暖的上午澆水。若是在無日照的環境中栽培，更需要減低澆水的頻率。

■ 關於害蟲

▶ 春季至秋季期間可能會有葉蟎、介殼蟲、粉介殼蟲等蟲害。尤其是在乾燥的室內，容易出現葉蟎，經常在葉面噴水，或以濕布擦拭葉片，都可以達到預防的效果。

■ 關於修剪

▶ 春季進行修剪，減少枝數，不僅能讓通風變好，預防蟲害，也能修整樹型。因為容易從根部或枝幹上長出細小的側芽，所以請將沒有必要留下的芽剪除。

帶有細裂痕的葉片。福祿桐的學名‘Polyscias’，據說來自於希臘語poly(多)scias (影子)之意。

中型直立向上生長的裂葉福祿桐植株。天然的樹型容易修整，可以觀察葉片的茂盛程度、枝幹的分枝來進行修剪。考量日後生長出來的葉片量，選用具有穩定感的大型盆器。

迷你型植株，右為‘Butterfly’，左為葉片有斑紋的‘Snow Princess’。枝幹的彎曲弧度是柔軟且易彎折的福祿桐才能展現。

穗葉金龜樹

Pithecellobium

白天時，葉片打開，
日落之後，葉片會隨之闔起。
纖細又柔和的姿態，
輕盈地展現出存在感，
無論是自然風、時尚風、古典風
能輕易地與任何風格作搭配。
因為喜好陽光，
株型也有份量，
夏季可以在室外栽培，
但到了10月底就需要移至室內。
一旦熟悉了環境，即使無日照，
依然能長出新芽。
充足的水分、良好的通風，
是生長期的栽培要訣。

枝幹輕柔地延伸而出，是人氣的樹型。清爽的白色盆器，襯托出葉片明亮通透的綠意。

基本資料

學名	*Pithecellobium confertum*
科名・屬名	豆科・金龜樹屬
原產地	馬來半島、蘇門答臘、南非洲、亞馬遜
光照	全日照　半日照　明亮無日照
澆水	潮濕　普通　稍乾燥

栽培的重點

■ 關於光照

▶ 喜好陽光，建議放置在日照充足且明亮的環境中。只要習慣了環境，即使是擺放在無日照的位置，仍可以生長，但是日照不足時，較容易出現病蟲害。

■ 關於溫度

▶ 因耐寒性低，冬季建議放置在氣溫10℃以上溫暖的室內。夏季在室外也能健康生長。

■ 關於澆水

▶ 在土壤表面乾燥之後再施給充足的水分。白天時葉片打開，到了夜間會闔起，但若水分不足時，植株為了減少蒸散，即使是在白天，葉片也可能會闔起，如此可以作為水分是否充足的判斷依據。

▶ 高溫期時，可以經常利用噴霧器在葉面噴水。

■ 關於害蟲

▶ 日照不足、通風不良時，容易出現介殼蟲等蟲害。經常在葉面噴水，可以達到預防的效果。

▶ 出現缺水狀況後的衰弱植株，尤其容易遭受蟲害，發現害蟲時須盡早驅除。

■ 關於移植換盆

▶ 修剪時，將朝下的老舊葉片剪除，讓葉量減少，並留下新的葉片，讓葉片呈現朝上的狀態。若強剪，枝幹會逐漸變粗，成為粗壯的植株。

小型植株雖有人氣，但因盆器小，容易出現缺水狀況，需特別注意澆水。因為較嬌弱，日照和通風也比大型植株更需要留意。

經過不斷地修剪，枝幹逐漸變粗。橫向生長的橫張性樹型，若搭配瘦高型的盆器，整體的視覺比例更為平衡。圖片中是傍晚時分，葉片漸漸闔起的模樣。

新芽是茶色，柔軟且有細毛。修剪時，可將新芽上方生長過長的枝葉剪除。

紐西蘭槐 ‘Little Baby’

Sophora ‘little baby’

槐屬在世界上約有五十種，
紐西蘭槐‘Little Baby’為紐西蘭原產的品種，又被稱為「童話樹」。
擁有Z字形的枝條、小巧可愛的葉片，
獨特又具魅力，和自然風格的空間設計更是絕配。
原生種可生長到兩公尺高，但一般市面可見的多為小型植株。
春季至初夏期間，會開出帶有橘色的黃色花朵。

任植株自由地延伸、分歧。雖然流通量不多，但具耐寒性，且栽培容易。

基本資料

學名	*Sophora prostrata 'little baby'*		
科名・屬名	豆科・槐屬		
原產地	紐西蘭		
光照	全日照	半日照	明亮無日照
澆水	潮濕	普通	稍乾燥

栽培的重點

■ 關於光照

▶ 建議一整年都須放置在日照充足、通風良好的環境中進行管理。

■ 關於溫度

▶ 耐寒性強，雖然根部已健全的植株能在室外度冬，但仍須盡量避免霜害。若是在寒冷地區，建議移至室內管理。

▶ 因為不耐夏季的悶熱，須保持良好的通風，避免潮濕悶熱。

■ 關於澆水

▶ 在土壤表面乾燥之後再施給充足的水分。冬季拉長澆水的間隔，讓土壤保持在稍乾燥的狀態。

■ 其他

▶ 利用排水性好的土壤來栽培。

▶ 不容易出現病蟲害，但為了避免夏季的高溫悶熱，建議放置在通風良好的位置。

▶ 若肥料施給過多，葉片會變大，須特別留意。

稀有的大型植株。任其自然形成的樹型，獨特有風格，搭配造型簡潔的古銅色盆器，更能襯托出細小的葉片。

從Z字形的枝節處冒出芽來，形成的小巧葉片，充滿療癒效果。

合果芋

Syngonium

原生在蒼鬱茂盛且略微陰暗的叢林中，
攀附在其他植物上生長。
有著輕柔向下低垂的姿態和美麗的葉色，
若搭配高長型的盆器，更能襯托出葉片的線條。
直射的陽光會出現葉燒的狀況，
若日照不足，植株會馬上變得不美觀。
但只要能找到它喜愛的環境，即使不費心照顧，
任其自然生長，也能長得健康漂亮。

不同的品種有著不同且多樣的葉色和斑紋。將數種類型作配色、栽種在一起也好看。

基本資料

學名	*Syngonium*		
科名・屬名	天南星科・合果芋屬		
原產地	美洲熱帶		
光照	全日照	半日照	明亮無日照
澆水	潮濕	普通	稍乾燥

栽培的重點

■ 關於光照

▶ 建議一整年都放置在隔有窗紗的明亮環境。

▶ 強烈的直射陽光，會造成葉片燒焦；日照過於不足時，葉片會變小，枝葉徒長且瘦弱，發現此狀況時，須盡早移動位置。仔細觀察葉片的狀態就能知道日照是否充足。

■ 關於溫度

▶ 對高溫多濕的環境耐性強，但仍須注意是否通風良好。耐寒性非常低，至少需要氣溫7℃以上才能度冬。一旦受寒，會從下方葉片開始向上枯萎，植株會受傷，因此建議冬季放置在室內栽培管理。

■ 關於澆水

▶ 春季至秋季是旺盛的生長期，需要非常多的水分，在土壤表面乾燥之後再施給充足的水分，但仍須注意不要澆水過多。尤其是日照不足的環境，若澆水過多，會出現徒長的狀況。

▶ 冬季要減低澆水的頻率，土壤表面變乾數天之後再澆水。若葉片向下垂時，也表示可以澆水了。

▶ 一旦缺水，葉片會受損，須特別留意。

■ 關於分株

▶ 當植株增多時，可以在5至9月的生長期進行分株。

■ 其他

▶ 長出新葉片後，老舊葉片會隨之枯萎，枯萎的葉片就須清除。

屬蔓性植物，整體繁茂且向外擴張後，會漸漸向下延伸。葉片會一同面向太陽，須時而改變植株的方向，讓植株能平衡生長。選擇與葉片份量相稱的盆器，並耐心等待葉片向下輕垂延伸。

蕨類植物

Fern and fern allies

與柔和陽光相襯的蕨類植物，
葉片的份量和美麗的葉色，
輕鬆就能為空間營造出氛圍。
世界上有非常多種類，
只要有蕨類妝點的室內空間，
對喜好柔和光線、良好通風的人而言，
就是最舒服放鬆、最療癒之處。
蕨類喜好水，在變得過乾、缺水之前，須施給充足的水分。
但也不可長時間處於潮濕的環境，
因此栽培的要訣在於避免讓水囤積在盆底，
並將植株放置在通風良好的環境中管理。

波士頓腎蕨

學名

Nephrolepis exaltata

科名・屬名

骨碎補科・腎蕨屬

原產地

熱帶至亞熱帶

光照　半日照

澆水　潮濕

腎蕨的品種之一。注意不要讓植株缺水，土壤變乾之後，才施給大量且充足的水分。須放置在通風良好、沒有陽光直射的明亮室內中。溫度維持在10℃以上。

腎蕨

學名

Nephrolepis cordifolia

科名・屬名

骨碎補科・腎蕨屬

原產地

日本本州南端至沖繩

光照　半日照

澆水　潮濕

群生在海岸或懸崖等稍乾燥且日照充足的環境。據說是4億年前就已存在的古老植物。栽培方法與波士頓腎蕨相同。東京以西的地區可以在室外度冬。

細葉腎蕨

學名

Nephrolepis exaltata 'Scottii'

科名・屬名

骨碎補科・腎蕨屬

原產地

美洲熱帶

光照　半日照

澆水　潮濕

腎蕨的品種之一，葉片蓬鬆有厚度。搭配造型簡單、四方形的石頭色盆器，營造出日式和風。栽培方法與皺葉波士頓腎蕨相同。

莢果蕨

學名

Matteuccia struthiopteris

科名・屬名

球子蕨科・莢果蕨屬

原產地

日本、北美洲

光照　明亮無日照

澆水　潮濕

嫩芽是山菜的一種。不耐高溫和乾燥，建議放置在有濕氣、半日照且通風良好的環境中管理。應避免讓植株缺水。

桫欏

學名

Cyathea spinulosa

科名・屬名

桫欏科・桫欏屬

原產地

日本南部至東南亞

光照　全日照

澆水　潮濕

根莖直立向上生長的木立性蕨類。一般常見的品種為筆筒樹，喜好陽光。建議放置在明亮且有濕度的環境。一旦缺水要重新復活並不容易，須特別注意。

澤瀉蕨

學名

Hemionitis arifolia

科名・屬名

鳳尾蕨科・澤瀉蕨屬

原產地　亞洲熱帶

光照　明亮無日照

澆水　潮濕

因葉片的形狀，而有「Heart Fern（愛心蕨）」之稱。一旦缺水，葉片會捲曲。建議放置在通風良好、沒有陽光直射的環境中管理。雖有一定程度的耐陰性，但若長期放置在無日照處，植株會衰弱，須特別留意。

鳳尾蕨類

學名　*pteris*　科名・屬名　鳳尾蕨科・鳳尾蕨屬
原產地　熱帶至溫帶
光照　明亮無日照　澆水　普通

鳳尾蕨的種類約有300種，一般市面上可見的多為熱帶的半耐寒性品種，建議冬季移至室內。容易栽培，只要放置在通風良好的環境、在土壤表面乾燥之後再施給充足的水分，即使是初學者也能輕鬆上手。圖中是鳳尾蕨的合植盆栽。

鳥巢蕨類（山蘇）

學名　*Asplenium*
科名・屬名　鐵角蕨科・鐵角蕨屬
原產地　熱帶至溫帶
光照　半日照　澆水　普通

山蘇、圓葉山蘇等約700種品種。喜好微弱日光，但若日照不足，會變茶色且枯萎，因此建議放置在隔有窗紗的明亮室內中管理。在土壤表面乾燥之後再施給充足的水分，且移至通風良好之處。

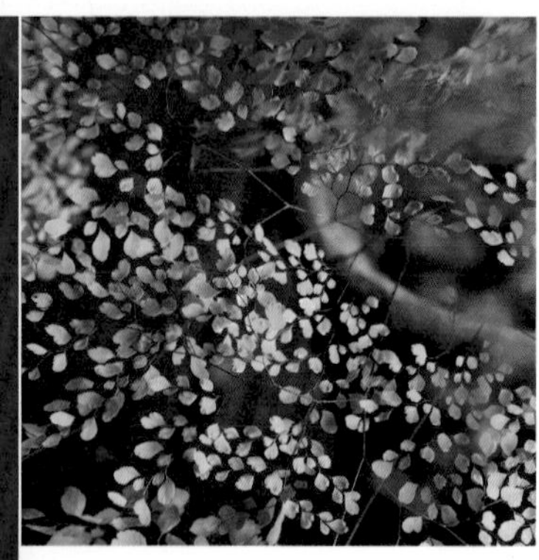

鐵線蕨類

學名　*Adiantum*　科名・屬名　鳳尾蕨科・鐵線蕨屬
原產地　美洲熱帶
光照　半日照　澆水　潮濕

黑色莖幹和細小輕薄的葉片，如羽毛般展開美麗的姿態。陽光會使葉片燒焦且變乾枯，因此須放置在沒有陽光直射、室內明亮的環境中管理。不耐乾燥、容易缺水，除了冬季之外，當土壤半乾時就要澆水，尤其是夏季特別容易乾燥，需要早晨和傍晚各澆水一次，也可以經常在葉面噴水。為了避免悶熱，確保通風也非常重要。

兔腳蕨

學名　*Davallia mariesii*　科名・屬名　骨碎補科・骨碎補屬
原產地　日本、東亞　光照　半日照　澆水　普通

包覆著細毛的根莖，和海州骨碎補（下）非常相似，但原產地不同。具清涼感的葉片能為炎熱的夏季帶來好心情。夏季會長出新葉，冬季葉片仍會留下。東京以西的地區能在室外度冬，但需要避免霜害。其他的基本栽培方法與海州骨碎補相同。

海州骨碎補

學名　*Davallia tricomanoides*　科名・屬名　骨碎補科・骨碎補屬
原產地　馬來西亞　光照　半日照　澆水　普通

長有細毛的根莖，沿著地面、攀附著岩石生長。非常強健，只要通風良好，也能在室內栽培。若有充足的日照，就能長得結實健壯，但夏季為了避免出現葉燒的狀況，建議將植株移至半日照處。在土壤表面乾燥之後再施給充足的水分，在葉面噴水也有效果。初春時將老舊葉片剪除，進入夏季就會長出新葉片。比兔腳蕨（上）耐寒性弱。

金水龍骨類

學名　*Phlebodium*　科名・屬名　水龍骨科・金水龍骨屬屬
原產地　美洲熱帶　光照　明亮無日照　澆水　普通

綠中帶藍的美麗葉片，有著乾燥葉的獨特質感。喜好溫暖潮濕的環境，但也耐乾燥，容易栽培。直射的陽光會導致葉燒的狀況，建議夏季放置在隔有窗紗的明亮位置。若日照不足，葉色會變差，要特別留意。通風良好、不澆水過多，也是栽培時的要訣。

水龍骨類

學名　*Polypodium*
科名・屬名　水龍骨科・水龍骨屬
原產地　熱帶至溫帶
光照　明亮無日照　澆水　普通

大多數品種的葉片頂端有著猶如雞冠般的細小分叉。有一定程度的耐陰性，但若葉片變茶色且乾枯、未長出新芽時，則須將植株移至日照充足的地方。通風不良會出現介殼蟲等蟲害。基本的栽培方法與金水龍骨相似，較容易栽培。

觀音座蓮

學名　*Angiopteris lygodiifolia*
科名・屬名　觀音座蓮科・觀音座蓮屬
原產地　日本南部、台灣　光照　明亮無日照　澆水　普通

株型大，葉片可長達1公尺左右。老舊葉片掉落後的葉痕會形成黑褐色的塊莖，而從塊莖長出數片葉片的姿態，有趣又獨特。若是以盆栽種植，當長出一片新葉片時，就會有一片舊葉片開始枯損，可將其剪除。喜好沒有陽光直射的明亮環境，雖具耐陰性，但若遲遲未長出新芽，則須移至日照充足的地方。喜好潮濕，在土壤表面乾燥之後再施給充足的水分。若通風不良，塊莖便容易發霉，因此澆水後須加強通風。日照不足的環境，尤其需要注意不要澆過多的水。

Chapter

3

美麗輕垂的室內植物

約有二百五十個種類分布在世界上的熱帶、亞熱帶地區，
其中有數個品種，被當作觀葉植物來栽培。
葉色豐富，可說是室內蔓性植物的代表。
柔軟而向下低垂的姿態容易與室內風格融為一體。
除了以吊盆從天花板向下垂吊之外，
放置在棚架上讓枝葉輕垂，或任其在桌面上攀爬延伸等，
不同的擺放位置就能呈現出不同的樣貌，也是種魅力。

'Ellen Danica' 是原產於美洲熱帶菱葉粉藤 'Cissus rhombifolia' 品種的產物。因生長速度快，且葉量繁多茂密，是十分常見的品種。與復古懷舊的風格非常契合。在日照略為不足的環境，也能健全生長。

基本資料

學名	*Cissus*		
科名・屬名	葡萄科・粉藤屬		
原產地	熱帶至亞熱帶		
光照	全日照	半日照	明亮無日照
澆水	潮濕	普通	稍乾燥

栽培的重點

■ 關於光照

▶ 須放置在室內明亮的環境中栽培。炎夏時的直射陽光過於強烈，會導致葉燒的狀況，因此建議放置在只有上午照得到陽光的位置，或明亮無日照的環境。除了夏季之外，可以照射直射陽光，讓植株更結實健壯。

▶ 日照不足時，不只造成莖幹纖細瘦弱、葉色變差，還會影響生長，這時就需要移動擺放的位置。

■ 關於溫度

▶ 大多數品種不耐冬季的低溫，應避免讓氣溫低於10℃以下，最好在溫暖且日照充足的環境中管理。

■ 關於澆水

▶ 在土壤表面乾燥之後再施給充足的水分。屬於較耐乾燥的植物，過於潮濕的環境，會導致根部腐爛、植株衰弱，因此應避免澆水過多，且須注意通風是否良好。

▶ 冬季因寒冷，植株的生長變緩，須讓土壤保持在稍乾燥的狀態，在土壤表面乾燥之後約2至3天再澆水。

■ 關於害蟲

▶ 原是不容易發生病蟲害的植物，但若因為日照不足而造成植株病弱時，就容易出現葉蟎、介殼蟲等蟲害。在葉面噴水可以達到預防的效果。

■ 關於移植換盆

▶ 當植株基部的葉片開始枯萎時，即表示根部已出現纏繞糾結的狀況，此時就需要進行移植換盆的工作。

給人優雅印象的菱葉粉藤，可以利用吊盆展現細長延伸的藤蔓。

原產於澳洲的南極粉藤，沒有裂痕的圓葉，能輕易地融入古董風格的花器之中。

因可愛的葉片形狀而有高人氣的品種'Sugarvine'。耐寒性弱，冬季須移至室內。容易出現缺水的狀況，應盡早澆水。

常春藤

Hedera

常春藤英文俗稱為Ivy，
含有「傳統的」涵義。
從枝幹的節間長出氣根，
攀附在牆壁和樹木上綿延擴展。
有著豐富的葉色和葉形，且流通量大，
常被當作地被植物，運用在各種公共場所之中。
雖然有時會因環境的變化或為了長出新芽，
出現葉片掉落的狀況，
但是十分強健且容易栽培的植物。

常春藤最基本的品種為‘Hedera helix’，英文稱為English Ivy。藤蔓的延伸性佳，能展現優雅的氛圍，不隨時代流行所左右。

基本資料

學名	*Hedera*
科名・屬名	五加科・常春藤屬
原產地	北美洲、亞洲、歐洲
光照	全日照　半日照　明亮無日照
澆水	潮濕　普通　稍乾燥

栽培的重點

■ 關於光照

▶ 應盡可能放置在日照充足的環境中栽培。炎夏時的直射陽光過於強烈，會導致葉燒的狀況，因此建議放置在只有上午照得到陽光的位置，或明亮無日照的環境。

▶ 耐陰性強，雖然在無日照的環境中也能成長，但若能照射日光，葉色會更漂亮豔綠。過於陰暗之處，新芽會停止生長，並不適合。

▶ 有斑紋的葉片，日照過於不足時，葉片的模樣會變淡或消失。

▶ 對急速變化的環境適應力低，改變位置時，葉片可能會突然掉落，但多半很快就會生長出來，因此不須著急，只要持續給予照顧即可。

■ 關於溫度

▶ 最低耐寒溫度為0至3℃。在平地或溫暖地區等能在室外度冬，但也可以將植株移至室內。

■ 關於澆水

▶ 春季至秋季的生長期，在土壤表面乾燥之後再施給充足的水分。雖有一定程度的耐乾性，但若讓土壤過於乾燥，葉片會從下方開始掉落。冬季幾乎不太生長，須減低澆水的頻率，讓土壤保持稍乾燥的狀態。

■ 關於害蟲

▶ 通風不良時，容易出現病蟲害，須特別注意。放置在陰暗的場所，容易出現葉蟎等蟲害。在葉面噴水可以達到預防的效果。

■ 關於移植換盆

▶ 因為生長旺盛，若任其自由生長，根部很快地就會長滿整個盆器內部，導致排水變差。建議一至兩年一次進行移植換盆。氣溫高的5至9月期間隨時都可以進行。

有斑紋的葉片、皺縮的葉片等常春藤的品種很多。從左上開始，依順時針方向分別為：'Melanie' 'Goldstern' 'Midas Touch'（中央）'Glacier'。

黃金葛

Epipremnum aureum

令人百看不膩的姿態，
強健且容易栽培，
是觀葉植物中的經典品種。
在熱帶地區中，沿著大樹樹幹攀緣而上的，
蔓性著生植物。
近年較新穎的是沒有斑紋的品種，
因能融入各種室內風格，因此很受歡迎。
莖幹能儲蓄水分，所以應避免澆水過多，
可以經常在葉面噴水。
莖幹過長時，會出現葉片掉落的狀況，
建議適度地進行修剪。

據說原種的黃金葛本來就是綠色，濃綠色的新品種‘Perfect green’，容易與室內風格作搭配。因生長速度快，可以讓藤蔓變長之後，放置在高處，使其從上向下輕垂。

基本資料

學名	*Epipremnum aureum*
科名・屬名	天南星科・拎樹藤屬
原產地	所羅門群島
光照	全日照　半日照　明亮無日照
澆水	潮濕　普通　稍乾燥

栽培的重點

■ 關於光照

▶ 不喜好過於強烈的陽光，春季至秋季期間透過窗紗的光線，最適合黃金葛。冬季放置在日照充足的室內最為理想。

▶ 耐陰性強，無日照處也能生長，但若過於陰暗，莖葉會徒長，生育狀況也會變差，應盡可能在明亮的環境中栽培管理。

■ 關於溫度

▶ 冬季建議放置在氣溫5℃以上的室內。若在有暖氣的空間中，藤蔓仍會繼續生長。

■ 關於澆水

▶ 春季至秋季的生長期，在土壤表面乾燥之後再施給充足的水分。莖幹能儲存少量水分，若澆水過多，可能會導致根部腐爛。

▶ 最低氣溫若低於20℃以下，水分的吸收會逐漸變慢，此時需減低澆水的頻率。冬季在土壤表面變乾約二至三天之後再澆水。

▶ 喜好濕度高的環境，可以經常利用噴霧器在葉面噴水，如此也有預防葉蟎、介殼蟲等蟲害的效果。

■ 關於害蟲

▶ 通風不良時，容易發生葉蟎、介殼蟲等蟲害。若植株突然變衰弱，要觀察是否有害蟲，並且盡早採取對策。

■ 關於修剪

▶ 藤蔓若延伸過長，養分將無法送達頂端，會突然出現枯萎的狀況。另外，當莖幹過長，植株基部變得稀疏時，可將其剪短，重新塑型。

有斑紋的喜悅黃金葛‘N'Joy’是近年印度原產的新品種。不僅具有驚人的強健樹勢，且耐乾燥，生長旺盛，甚至能在空氣中長出根部。若搭配獨特的盆器，一般常見的黃金葛也能變成空間中的視覺焦點。

白斑黃金葛‘Marble Queen’，因葉片上有不規則的散斑而得名。比起精緻漂亮的盆器，利用帶有鐵鏽的花器更能突顯斑紋的特色。

蔓性，葉片有散斑的毛萼毬蘭，可以利用吊盆，展現出生動有律動感的姿態。基本款的葉形和份量感，容易融入室內風格之中。

毬蘭

Hoya

大多數為蔓性的多肉植物，攀附在樹木枝幹或岩石上生長，
依照品種的不同，有著多樣的形狀和顏色。
因為會開出有如櫻花色彩的花朵，在日本被稱為「櫻蘭」，
香氣強烈，有著霧面質感猶如蠟雕般的花朵，也是毬蘭的魅力之一。
只要日照充足，就容易栽培，而且當植株長大，花量也會隨之增多。
肉質植物的葉片能儲蓄水分，只要留意不要澆水過多、或日照不足，即使是初學者也能輕鬆上手。

基本資料

學名	*Hoya*		
科名・屬名	蘿藦科・毬蘭屬		
原產地	日本南部（九州、沖繩）、亞洲熱帶、澳洲、太平洋諸島		
光照	全日照	半日照	明亮無日照
澆水	潮濕	普通	稍乾燥

栽培的重點

■ 關於光照

▶ 應盡可能放置在日照充足的環境中栽培。但因炎夏時的直射陽光過於強烈，會造成葉片受損，沒有陽光直射但明亮的環境較為理想。

■ 關於溫度

▶ 耐暑性強，但耐寒性弱，冬季若能維持7至8℃的氣溫較為保險。低於5℃以下就會影響生長。

▶ 若是放置在室外，須在11月左右將植株移至室內，有充足日照且溫暖的環境中進行管理。

■ 關於澆水

▶ 喜好乾燥的多肉植物。春季至秋季的生長期，當葉片出現皺縮時，再施給充足的水分。若皺縮未能復原，可以先在盆器底盤內裝水，再將盆器置入盤中充分浸泡。

▶ 冬季因氣溫低，生長力變差，須減少澆水的次數。在土壤表面變乾約三至五天之後再澆水。建議澆水前先觸摸葉片，確認葉片是否有因低溫而變冰冷，若沒有才澆水。

▶ 喜好濕度高的環境，夏季可以利用噴霧器在葉面噴水。

▶ 不喜好過於潮濕的土壤，日照不足時，尤其需要注意不要澆過多的水。

■ 關於害蟲

▶ 日照不足或通風不良時，容易出現介殼蟲等蟲害。在葉面噴水可以達到預防的效果。

■ 關於修剪

▶ 當藤蔓延伸過長、或葉片變得稀疏，可以在生長期進行修剪。容易發根，因此剪下來的枝條能扦插繁殖，但因生長緩慢，到確實著根為止需要花費較長的時間。

▶ 每年會從開過花的位置，再開出新的花朵，因此小心不要剪除開過花的花序。尚未開過花的藤蔓，等變長之後就會開花，須注意不要剪除。

因品種不同，葉色和形狀也完全相異，讓人無法想像這些都是毬蘭。從右上方開始分別是：葉片捲曲的卷葉毬蘭、葉片中有紅色斑紋的泡毬蘭、心形葉片的心葉毬蘭、銀綠色小葉片的銀葉毬蘭。

卷葉毬蘭，有著猶如被扭轉而捲曲的葉片。可以放置在地板上，將下垂的藤蔓橫擺作為裝飾。

毬蘭中非常受歡迎的品種，因葉片的形狀而被稱為「心葉毬蘭」。市面上常可見到只插有心形葉片的盆栽。有著長莖幹的毬蘭，所表現出的優雅姿態，能成為空間中的視覺焦點。

粗獷的金邊毬蘭，帶有斑紋的葉片、葉脈浮出、葉緣染有淡淡的粉紅色，適合以獨特的四角形陶器來襯托。

稀有品種的砂糖毬蘭，給人沉著的印象。若照射太陽，圓葉片的葉緣會顯現出紫色。

繖形花序，數朵小花呈放射狀展開。甜美的香氣、獨特的質感、楚楚動人的姿態，擄獲不少粉絲的心。上圖為卷葉毬蘭的花朵。

品種不同，花色、花型也因此不同。左為毛帽毬蘭的花朵，右為威特毬蘭的花朵。

葦仙人掌

Rhipsalis

雖屬於仙人掌科，
卻有著與一般仙人掌相異的形狀。
著生在森林樹幹上的多肉植物，
因為生長在樹蔭處，不耐直射的陽光。
具耐陰性，栽培時若能保持稍微乾燥，
其實是容易栽培的植物。
葉片有形狀平寬的「寬葉」、
線條細長的「細葉」等形狀。
會從節間長出細根，
容易用扦插進行繁殖。
春季會開出白色或黃色的小花，
也有部分品種會結出粉紅色、橘色的半透明果實，
結有果實的姿態，別有一番獨特的華麗感。

葉狀莖的形狀豐富多樣，若能聚集寬葉、細葉等多種類型一起擺飾，就能營造出猶如森林般的氣息。

基本資料

學名	*Rhipsalis*
科名・屬名	仙人掌科・葦仙人掌屬
原產地	非洲熱帶、美洲熱帶
光照	全日照　半日照　明亮無日照
澆水	潮濕　普通　稍乾燥

栽培的重點

■ 關於光照

▶ 應放置在避開陽光直射的明亮室內、隔有蕾絲窗紗的窗邊等處進行管理。雖有一定程度的耐陰性，但仍須留意蟲害，及澆水的頻率。

■ 關於溫度

▶ 喜好高溫多濕的環境。冬季當氣溫低於5℃以下，葉片不會皺縮之後，即停止澆水。

■ 關於澆水

▶ 喜好乾燥，在土壤表面變乾、葉狀莖變細或出現皺縮時，施給充足的水分。喜歡濕度高的環境，能從葉片和根部等處吸收水分，可以經常利用噴霧器等在葉面噴水。

■ 關於害蟲

▶ 日照不足、通風不良，或空氣乾燥時，容易出現介殼蟲等蟲害。害蟲會附著在葉狀莖之間，可利用牙刷將其刷落，並噴灑殺蟲劑之後，移至通風良好的位置。在葉面噴水，也可以達到預防的效果。

■ 關於扦插繁殖

▶ 不太需要進行修剪。可以將莖幹切成5至6公分的長度，讓切口乾燥之後，進行扦插繁殖。若從節處已發根的部位，更容易著根，覆蓋上排水性佳的土壤後澆水即可。

'Rhipsalis robusta' 圓圓的寬葉，一片片連接而成的輕垂姿態，獨特有個性。

有著結實細葉片的五月雨，會在節上開出小巧的白花，嬌巧迷人。

獨特的帝都葦，葉片彷彿朝四面八方飛跳了出來。利用木質的花器，重現著生在樹木上的景色。

玉柳厚實的葉狀莖每間隔4至5公分，就好像被刻意扭轉一般，特殊的姿態讓人感受到自然的神祕之美。葦仙人掌無論是以吊盆懸掛，或以盆栽放置在棚架上，都能展現出存在感，呈現葉片的線條與律動感。

絲葦有著鬆柔低垂的細葉狀莖，適合搭配復古風格的盆器，妝點出自然隨興的氛圍。

雖然都是細葉片，上方是光滑的綠葉片，青柳；下方則是長有細毛的朝之霜。葉片自然奔放的姿態，可以搭配造型簡單的花器來襯托，也可以搭配較具個性的花器來增添獨特，選擇花器也別有一番樂趣。

風不動

Dischidia

蔓性的著生植物，
從莖節長出氣根，攀附在岩石或樹幹上生長。
莖幹上長滿了肥厚且鬆軟的葉片，
柔和可愛的外觀，為風不動帶來極高的人氣。
只要能找到適當的環境，就能健康成長，
還能開出很多小花朵，但對於日照的狀況較為敏感。
栽培的要訣在於擺放在沒有陽光直射的明亮場所，
並讓根部處於稍微乾燥的環境。
喜好濕氣，可以經常利用噴霧器等在葉面噴水。
屬於多肉植物的一種，
只要掌握多肉植物的栽培技巧，試著挑戰看看吧!!

利用鐵絲將植株懸掛在牆壁上，簡單的排列就能布置壁面。左為斑葉聚錢藤，右為風不動。被塑造成小型尺寸的風不動，能輕易地融入室內風格之中。

基本資料

學名	*Dischidia*		
科名・屬名	蘿藦科・風不動屬		
原產地	東南亞、澳洲		
光照	全日照	半日照	明亮無日照
澆水	潮濕	普通	稍乾燥

栽培的重點

■ 關於光照

▶ 建議一整年都放置在沒有陽光直射的明亮環境中進行管理。當日照不足時，葉片會變黃，且陸續掉落。要訣在於須觀察植株的變化尋找最適當的擺放位置。

■ 關於溫度

▶ 最低耐寒溫度為5℃至10℃，12℃以上為適合生長的溫度。耐暑性強，但為避免悶熱，仍須注意通風是否良好。冬季應放置在室內溫暖的位置。

■ 關於澆水

▶ 喜好乾燥的土壤，因此須注意不要過於潮濕。在土壤乾燥之後，再施給充足的水分。當葉片開始皺縮時，即表示需要澆水了。土壤若過分潮濕，會導致植株的根部腐爛，水分的吸收變差，最後甚至枯萎。

▶ 喜好濕度高的環境，若在有冷氣空調的室內，葉片容易因空氣乾燥而枯萎，栽培時要特別留意。可以利用噴霧器等在整個植株噴水。

▶ 冬季因寒冷而生長變緩，須減低澆水的頻率，葉片皺縮時再澆水。

■ 關於害蟲

▶ 日照不足、通風不良時，容易出現介殼蟲等蟲害。一旦發現，應儘快將害蟲刷除，刷除時須小心不要傷到莖葉。在葉面噴水可以達到預防的效果。

■ 關於修剪

▶ 當下垂的藤蔓過長，或植株基部的葉片變少時，即可進行修剪，將過長的藤蔓剪短，重新塑型。若從節處已發根的部位，更容易著根，可以剪下利用扦插來繁殖。

蛋形葉片上有縱長葉脈的西瓜藤，染有紅色的新芽，十分優美。

西瓜藤的花。若生長環境良好，就會開出小花。嬌美可愛的花朵，不會完全打開，惹人憐愛。

百萬心，長長的藤蔓上長滿了無數的小巧葉片。若植株的狀況佳，會從莖節處長出氣根，還會開出許多小白花。莖葉生長過長，而植株的基部變得稀疏時，可適度地進行修剪，維持整體的外觀比例。

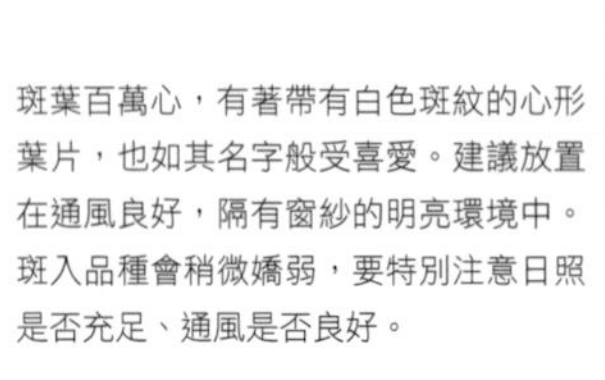

斑葉百萬心，有著帶有白色斑紋的心形葉片，也如其名字般受喜愛。建議放置在通風良好，隔有窗紗的明亮環境中。斑入品種會稍微嬌弱，要特別注意日照是否充足、通風是否良好。

Chapter

4

獨特有個性的室內植物

千年木

Dracaena

葉片有紅、黃、白色等多樣的色彩，
細枝幹彎彎曲曲形成的樹型，獨一無二。
從粗獷的大型葉片，到細緻纖柔的葉片，
展露出其他綠色植物所沒有的獨特個性。
但也因為葉片纖細美麗，
若在直射的陽光下，容易發生葉燒、變色，
需要特別留意日照，
邊觀察葉片的顏色，找出最適當的擺放位置。

中斑百合竹‘Song of Jamaica’是百合竹的其中一個品種。經過反覆的修剪，花時間所塑造出來的樹型，特別選用附有隔熱架的火缽來取代盆器。將植株搭配風格一致的盆器，是讓視覺協調的重點。

基本資料

學名	*Dracaena*		
科名・屬名	龍舌蘭科・千年木屬		
原產地	非洲熱帶、亞洲熱帶		
光照	全日照	半日照	明亮無日照
澆水	潮濕	普通	稍乾燥

栽培的重點

■ 關於光照

▶ 生長期比較需要日照，但因容易發生葉燒的狀況，因此須避開夏季的直射陽光。雖具耐陰性，但若放置在無日照的環境，葉片會變得瘦弱。

▶ 放置在室內時，因為莖幹會朝著陽光的方向伸展，而變得彎曲，所以可以偶爾轉動盆器，讓整體平衡發展。

▶ 放置在無日照處的植株，若突然照射陽光，會出現葉燒的狀況。改變環境時，須邊觀察植株的狀況，讓植株慢慢地適應。

■ 關於溫度

▶ 當早晨的最低溫度低於15℃以下時，應將植株移至日照充足的溫暖室內，並讓室溫維持在5℃以上。

■ 關於澆水

▶ 基本上，喜好較為乾燥的環境。5至9月的生長期，當土壤表面變白，且完全乾燥之後再施給充足的水分。若早晨的最低溫度低於20℃以下，須漸漸減少澆水的次數。冬季或日照不足時，水分過多會導致根部腐爛，應等土壤確實乾燥之後再進行澆水。

▶ 若水分不足，會從葉片前端開始枯萎，須特別留意。

■ 關於害蟲

▶ 當日照不足時，容易出現介殼蟲等蟲害。平時留意日照是否充足，且經常在葉面噴水，可以預防蟲害。

■ 關於修剪

▶ 屬於會不停往上生長延伸的植物，當植株過高時，即可進行修剪，讓新的側芽長出，重新塑造樹型。修剪可選在生長期前的4月開始進行，最慢不要超過5月中旬，如此一來，在當年度就會長出新芽。

▶ 若從植株基部長出強健的新芽，原植株會變得衰弱，可以選擇將新芽摘除，或將新芽留下，去除原植株，進行新舊的交替。

像彩虹般有著鮮豔紅色葉片的彩虹千年木 'Dracaena marginata Rainbow'。扭轉一圈的枝幹，非常引人注目。善用枝幹的柔軟度打造出的樹型，植株雖不大，卻充分展現千年木的特質。

中斑五彩千年木，若日照充足，葉片的成色會很漂亮，但若日照過於強烈，則容易出現葉燒的狀況，須特別留意。將數盆小植株猶如兄弟般並列，讓有著些微差異的植株們，自然地融合為一體。

紅邊千年木是千年木中，粗壯結實的品種。若在明亮的環境中栽培，而且氣溫有高低差，葉色就會變得更加黑亮；若是在陰暗的環境，綠色則會變得明顯。經過深剪所塑造出的樹型，簡潔且俐落。

五彩千年木 'Dracaena marginata Tricolor'
以綠色和紅色為基底，加入了黃色的斑紋。因為新芽容易生長和凹折，所以能進行較為細緻的塑型。選用與三色葉色呈對比的灰色方形盆器，更能為美麗的葉色加分。

朱蕉
Cordyline

雖然和千年木相似，
但因品種不同、原產地不同，
因此生長環境也有些許不同。
具耐寒性，雖具耐陰性，
但仍建議要在日照充足的環境中管理。
基本的栽培方法請參考千年木。
千年木的鬚根呈紅色和黃色，
朱蕉則是有肉質的白色地下莖，
只要看根部即可分辨。

學名　***Cordyline***
科名・屬名　龍舌蘭科・朱蕉屬
原產地　東南亞、澳洲、紐西蘭
光照　全日照　澆水　普通

建議一整年都放置在明亮的環境，並避開夏季的直射陽光。因葉色淺，容易因直射陽光而導致葉燒的狀況；日照不足則會使葉色變差，須特別留意。雖然比龍血樹更具耐寒性，但建議在10月下旬將植株移至室內。日照不足或通風不良時，容易發生介殼蟲等蟲害。

黑扇朱蕉，葉片上帶有紫色的葉紋。屬於直立向上生長的類型，若將不斷長出的新芽進行修剪或者彎折，就能塑造出獨一無二的樹型。日照不足時容易出現害蟲，須特別留意。

細線條勾勒猶如畫作般的葉片，若仔細觀察，
還會發現每一片葉片都有著不同的模樣呢。

狹葉朱蕉‘Cordyline stricta’，有著優雅的彎曲樹型。較容易栽培，因此也適合初學者。

鹿角蕨

Platycerium

在樹木或岩石等著根的著生植物，亦稱「蝙蝠蕨」，
其獨特的外型，擁有許多愛好者。自身被「營養葉」
大面積地包覆，並從這裡大大地舒展開猶如鹿角的「孢子葉」。
只要為它找到日照充足、高溫多濕的環境，
即使是初學者也能輕鬆栽培。
也能善用不同的擺設方式，盡情欣賞鹿角蕨之美。

左上是著生在椰子殼上的吊掛式類型，剛定植不久後的植株。其他兩個吊盆和左下放置在棚架上的盆栽，都已是種植了十年左右的植株。因生長緩慢，植株大，相對地價格也會提高，若從小植株開始培養，邊想像著它長大後的模樣，也別有番趣味。

基本資料

學名	*Platycerium bifurcatum*		
科名・屬名	水龍骨科・鹿角蕨屬		
原產地	南美、東南亞、非洲、大洋洲		
光照	全日照	半日照	明亮無日照
澆水	潮濕	普通	稍乾燥

栽培的重點

■ 關於光照

▶ 建議秋季至春季期間放置在明亮的窗邊，夏季的直射陽光容易造成葉燒的狀況，需要有遮光措施。當日照不足時，生長會明顯地減弱，葉片也會變成黃、茶色，因此須觀察植株的狀況，適時地給予日光浴。新芽遲遲未長的話，也是日照不足所導致。

■ 關於溫度

▶ 喜好高溫多濕的環境，因此春季至秋季期間應放置在沒有直射陽光的室外栽培，到了10月再移至室內。

小尺寸的壁掛式類型。塑造成苔玉球不但水苔能保有水分，新芽長出的位置也不受限制，且因吊掛在牆壁上，也能確保通風良好。

營養葉會在春季至秋季期間生長，將自身包覆起來，儲蓄水分和養分。變老舊之後，會乾枯變黃，成為自身的養分。孢子葉則是在秋季至冬季期間生長，會從孢子葉的背面長出孢子，進行繁殖。

■ 關於澆水

▶ 春季至秋季期間二至三天一次，當栽種的介質表面變乾後，施給充足的水分。冬季須等介質完全乾燥之後，再施給充足的水分，每周進行一次。

▶ 澆水時須澆在營養葉的背面。若是盆植，可以將盆栽浸泡至裝有水的水桶中。根部生長在營養葉的背面，因此澆水時須讓水分滲透該處。若經常是潮濕的狀態，會造成營養葉腐爛，但若灌水不足，也會導致生長不良，甚至枯死。應觀察介質和孢子葉的狀況，再進行澆水。

▶ 因營養葉中有儲水組織，嚴寒時不需要澆水。

▶ 喜好濕度高的環境，可以經常利用噴霧器等在葉面噴水。

■ 關於肥料

▶ 生長期兩個月一次，將緩效性的固體肥料放置在重疊的舊茶色營養葉的內側。若是盆植，可以在盆器的周圍放置油粕，或連同澆水時，施給液態肥料。

■ 關於害蟲

▶ 若通風不良，容易在生長期發生葉蟎、介殼蟲等蟲害。此外，通風不良、過於潮濕，也容易發霉。特別是在澆水之後，尤其容易發霉和出現害蟲，建議移至通風良好之處。

■ 關於分株

▶ 可以利用分株來增加植株數。當母株的營養葉下方出現子株，而子株也長出三片以上的葉片之後，即可進行。先確認根部之後，再將子株分切下來盆植。

虎尾蘭

Sansevieria

葉片形狀和紋路豐富多樣，
市面上可見的品種繁多。
因能釋放出負離子，而廣為人知。
具耐陰性，耐蟲害，且容易栽培，
因此也適合初學者栽種。
因為是生長在樹蔭處的植物，要避開夏季的直射陽光，
且因冬季會休眠，冬季應停止施給水分。
若選用能展現出其葉片特徵的盆器，
不僅能與各種室內風格作搭配，
也能完成跳脫一般對虎尾蘭刻板印象的擺飾。

葉片從地面呈放射狀伸展開來的小虎尾蘭，和充滿現代感的盆器十分契合。利用向下延伸低垂的子株，搭配有高度的盆器，就能展現出植株新舊交替的生命力。

基本資料

學名	*Sansevieria*		
科名・屬名	龍舌蘭科・虎尾蘭屬		
原產地	非洲、南亞熱帶至亞熱帶		
光照	全日照	半日照	明亮無日照
澆水	潮濕	普通	稍乾燥

栽培的重點

■ 關於光照

▶ 一天中有數小時照得到陽光的環境為佳。容易繁殖。雖具耐陰性，但仍需要有一定程度的光線。但直射的陽光容易導致葉燒的狀況，須盡量避免。

■ 關於溫度

▶ 耐夏季的高溫，但因喜好乾燥，要避免悶熱。當氣溫升高至20℃以上，即進入植株的生長期。耐寒性不高，冬季須放置在10℃以上的溫暖室內中管理。若氣溫變低，葉色也會隨之變差。

■ 關於澆水

▶ 因葉片有儲蓄水分的功能，因此須讓土壤保持在稍乾燥的狀態。

▶ 春季至秋季期間每周一次，在土壤表面乾燥之後再施給充足的水分。低溫期時進入休眠，若室外氣溫低於8℃以下，則須停止澆水。而室內溫度若有15℃以上，可以在天氣好的時候進行澆水。

▶ 若澆水頻率不高，但新芽依然遲遲未長，有可能是根部腐爛所造成。

■ 關於移植換盆

▶ 若根部已經長滿了整個盆器內部，可以在5至6月，或10月進行移植換盆。利用分株或扦插來進行繁殖。分株時，先確認長出了細小的根部之後，將子株從母株上切離。扦插時，先剪下地表以上的葉片約10公分，將葉片插入土中（葉插法），並放置在半日照處管理。等葉片皺縮、根部長出來之後再進行澆水。

稀有的香蕉虎尾蘭，厚實的葉片向左右兩側伸展。利用高腳盆器來襯托出葉片頂端朝上的姿態，是高雅具氣質的搭配組合。

'kib wedge' 是小虎尾蘭和姬葉虎尾蘭的交配種。種植在淺盆中，能營造出盆栽之美。輕薄的盆緣和藍色的外觀，更加襯托葉片頂端的優美。

虎尾蘭中特別耐乾燥的錫蘭虎尾蘭，同時也是具有耐陰性的強健品種。為了讓帶有波浪狀硬挺的葉片看起來柔和，利用優美的盆器來搭配。

像是帶耳花瓶形狀的盆器，襯托著小虎尾蘭筆直伸展的葉片。依照葉片形狀來挑選盆器，即是最佳的組合。

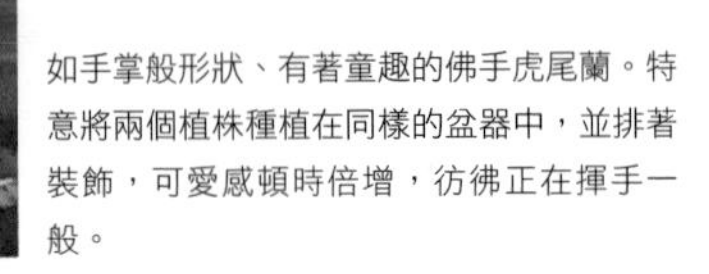

如手掌般形狀、有著童趣的佛手虎尾蘭。特意將兩個植株種植在同樣的盆器中，並排著裝飾，可愛感頓時倍增，彷彿正在揮手一般。

寬大的葉片是扇葉虎尾蘭 'Sansevieria grandis' 的最大特徵。一株之中能長有數片的大葉片。是虎尾蘭中給人柔和印象的品種。利用圓弧狀的盆器來搭配，猶如可愛的小白兔。

石筆虎尾蘭，有著細長的棒狀葉片。種植在矮淺的盆器中，更能強調葉片的長度和株型的大小。需要花時間慢慢栽培的植株，以手捏的燒陶盆來搭配，最為合適。

龍舌蘭

Agave

生長在赤道周邊
乾燥地區的多肉植物。
不僅能耐白天
氣溫50℃的高溫，
其中甚至還有生長在
海拔一千公尺的高山，
能耐零下25℃低溫的品種。
一般來說，龍舌蘭的生長緩慢，
大多數品種需要花費
數十年才會開花，
開花結束之後，
母株為了新舊交替，
會漸漸枯萎死去，
更添一股神祕氣息。

兩株都是桌上型大小的龍舌蘭。上方是瀧之白絲，葉片的一部分會呈現捲曲。下方是雷神，所開出的花被稱為「神花」。

基本資料

學名	*Agave*
科名・屬名	龍舌蘭科・龍舌蘭屬
原產地	墨西哥、美洲西南部
光照	全日照　半日照　明亮無日照
澆水	潮濕　普通　稍乾燥

栽培的重點

■ 關於光照

▶ 建議一整年都放置在室內日照最為充足的場所。日照若不足，葉片會變得瘦弱。

▶ 可以照射夏季的直射陽光，但須避免將植株從無日照處直接移至直射陽光之下。斑入品種的葉片較容易產生葉燒的狀況，須特別留意。

■ 關於溫度

▶ 依照品種的不同，適合生長的溫度也有所不同，一般而言，以15℃至20℃最為適宜。龍舌蘭與仙人掌不同，沒有休眠期，只要溫度夠高，會持續不停生長。

▶ 冬季須特別留意耐寒性不佳的品種，但也有部分品種能在室外度冬。

■ 關於澆水

▶ 當最低氣溫在5℃以上，一個月澆水一次，但若氣溫低於4℃，則須停止澆水。一旦澆水，耐寒性低的品種，葉片會因而受損。

▶ 在通風好、日照充足的環境，並保持在稍微乾燥的狀態，植株就能健全生長。若在日照不足的環境，應避免澆水過多。

■ 關於移植換盆

▶ 若長出子株，可以在5至7月的生長期進行分株。幾乎不需要施給肥料，肥料過多，容易使根部受損。

雷神的大型植株。幾乎所有龍舌蘭的前端都帶有尖刺。呈蓮座狀排列的葉片，若植株越大，越能呈現壓倒性的存在感。

葉緣有黃斑的黃斑龍舌蘭，給人柔和的印象。造型簡單的水泥盆，映襯出猶如湧泉般的株型。

蘆薈

Aloe

葉片上帶刺，
有著厚實葉片的多肉植物。
枝幹長勢旺盛、
有厚度的葉片呈簇生狀或扇狀展開，
其粗獷闊氣的姿態，
吸引了眾多愛好者。
一般廣為人知的有木立蘆薈‘Aloe arborescens’、
蘆薈‘Aloe vera’，
此外，市面上還可見到
不同大小、葉色等各式各樣的品種，
讓人享受多樣選擇的樂趣。
耐暑性強，具耐陰性，
只要維持稍乾燥的狀態，
就能強健生長，栽培容易，
因此也適合初學者種植。

基本資料

學名	*Aloe*		
科名・屬名	百合科・蘆薈屬		
原產地	南非、馬達加斯加島、阿拉伯半島		
光照	全日照	半日照	明亮無日照
澆水	潮濕	普通	稍乾燥

栽培的重點

■ 關於光照

▶ 建議一整年都放置在日照充足的環境。若能充分接受日照，耐寒性會因此提高，但是要避開炎夏的直射陽光。雖有一定程度的耐陰性，但仍須注意不要讓日照不足。

■ 關於溫度

▶ 耐夏季的高溫和悶熱。耐寒溫度在5℃左右，若在溫暖地區，只要停止澆水，就能在室外度冬。依照品種的不同，耐寒性有所差異，若葉片出現因為低溫和霜害而受損的狀況，則須將植株移至室內較為妥當。

■ 關於澆水

▶ 終年都要保持在稍乾燥的狀態，在土壤表面確實乾燥之後再施給充足的水分。

▶ 因擺放的位置不同，有時會吸收許多水分。當葉片皺縮，或長出的葉片變細，即表示水分已不足。冬季須減低澆水的頻率，並在溫暖的上午澆水，寒冷地區則不須澆水。

■ 關於移植換盆

▶ 當下方葉片掉落，莖幹過長，整體變得不美觀時，可將莖幹剪短，重新塑造株型。從最底端葉片的下方約10公分處剪斷，使其陰乾約一星期，讓切口變乾燥之後，插進排水性佳的乾燥土壤中，大約一個月就會著根。

▶ 木立蘆薈 'Aloe arborescens' 洋蘆薈 'Aloe vera' 容易長出子株，可以利用分株進行繁殖。和扦插法相同，待其乾燥後再插進土中。

▶ 若不希望株型變大，則不須頻繁地進行移植換盆，讓根部密集，反而能使株型緊實，葉形變得更好。

▶ 每次換盆時，須選擇大一吋的盆器，並避免切斷過多的細根。移植之後，一星期內不要澆水。

從中央長出厚實葉片的二歧蘆薈，充滿了魅力。以盆植來說，鮮少如此自然分枝的狀況。

二歧蘆薈會往上持續長出葉片，枯萎的葉片會掉落。經過一段時間之後，葉痕消失，莖幹會變得光滑有亮澤，與葉片形成美麗的對比。

木立蘆薈的突變種。從植株基部會長出大量的子株。在子株根部尚未著根之前，可欣賞其原有的姿態，等根部健全之後再進行分株移植。

（左）二歧蘆薈 'Aloe dichotoma' 最高能生長到10公尺，是蘆薈屬中最大型的品種之一。左株，為了不讓植株生長過大，須花時間慢慢地栽培，讓株型緊實，因此根部密實，生長也緩慢。右株，莖幹雖粗大，仍可扦插法來繁殖，但可能會有根部細小的狀況，須觀察根部的狀態，放置在日照充足的環境中管理。利用陶藝家的陶器，營造出盆栽之美，或利用有穩定感，及粗獷質地的盆器來搭配等，依照植株的特徵挑選適當的盆器。

羅紋錦亦稱「多枝蘆薈」，與二歧蘆薈極為相似。與能生長到樹高10公尺，莖幹直徑1公尺的二歧蘆薈相較，羅紋錦從植株尚小時，就不停進行分枝，塑造出分歧的樹型。容易與室內風格作搭配的尺寸大小，受人喜愛。

波路，大量的葉片呈蓮座狀排列。微小的細毛、白色的斑點葉紋、整齊的葉片，形成美麗的姿態，與俐落的杯形盆器最為契合。

葉片上有著美麗的直線條紋，是木立蘆薈的突變品種。雖然比綠葉品種來得稍微嬌弱，但若能放置在沒有陽光直射的明亮室內中栽培，並且避免澆水過多，其實是容易栽培的。有斑紋的蘆薈，若想要保持其漂亮的葉色，培養的訣竅在於不要照射太多的陽光。

雖然同樣都是蘆薈，但卻有各式各樣的葉色、形狀、斑紋等。可選用相同質感的盆器，將迷你株型的蘆薈搭配組合在一起，並在其中加入跳色來點綴，利用自然的蘆薈葉和花色，讓不同的盆器看起來更有整體感。

椰子蘆薈

不夜城

亞可蘆薈

索馬里蘆薈

百鬼夜光

白花蘆薈

黑魔殿

俏蘆薈

鷹爪草

Haworthia

小型的多肉植物，生長在岩石上或溫差大的沙漠。
是多肉植物中喜好明亮無日照處的稀奇品種。
神秘的「軟葉系」，半透明的葉片猶如將光線包覆在其中，
洗鍊的「硬葉系」，有著堅硬且銳利的葉片，
兩者的葉片都是呈蓮座狀排列，
並從中央長出像百合的花朵。
需要澆水時，葉片會變細；寒冷時，色澤會變暗沉，
只要隨時觀察，就連初學者也能輕易察覺出變化。

軟葉系的青雲之舞，透過光線，被稱為「窗」的半透明部位，猶如玻璃工藝品般輕透美麗。

基本資料			
學名	*Haworthia*		
科名・屬名	百合科・鷹爪草屬		
原產地	南非、奈米比亞南部		
光照	全日照	半日照	**明亮無日照**
澆水	潮濕	普通	**稍乾燥**

栽培的重點

■ 關於光照

▶ 建議一整年都放置在明亮無日照處，夏季沒有陽光直射的環境中管理。

▶ 春季至秋季期間可以放置在室外，但別忘了要在結霜之前將植株移至室內。若長期都有柔和光線的照射，則會開出花朵。

■ 關於溫度

▶ 生長適溫為15℃至35℃。耐寒性較弱，當氣溫低於0℃以下，並結霜時，植株就會枯萎。若平時是放置在室外的植株，建議在10月下旬移至室內。

■ 關於澆水

▶ 每周一次施給充足的水分，直到餘水從盆底流出為止。若土壤仍然潮濕，則不需要澆水。夏季高溫期會進入休眠，若依照相同的澆水方式，容易造成植株腐爛。當氣溫升高至接近35℃時，則須減低澆水的頻率，只有在葉片變細時才需要澆水。

■ 關於移植換盆

▶ 生長速度快，密生繁茂、易生子株。若根部已從盆底長出的植株，建議將其分株，兩年一次進行移植換盆。

■ 其他

▶ 當通風不良、過於潮濕時，會從下方的葉片開始腐爛。若放任其不管，整個植株都會跟著腐敗，因此務必將已壞死的部分切除，且徹底將變色的部分除去。

▶ 葉片會徒長，往往是因澆水過多或日照不足所造成。為了防止根部腐爛，須將植株移至日照充足之處，並持續觀察。

▶ 葉色會隨擺放位置的日照、溫度等而有所變化，應為植株找到能維持漂亮葉色的環境進行管理。

▶ 較不容易出現蟲害。

黑色的花器能襯托出軟葉系的透明感。可以配合葉片的高度和弧度，選用大小、深度最適當的盆器。

壽，原產於南非的開普地區。三角形的葉片上具有線狀紋路，是軟葉系中給人冷酷印象的品種。

硬葉系的兩品種。（左）十二之爪葉片如鷹爪般向內側彎曲生長；（右）十二之卷葉片橫向直直地伸展。

約有上千種品種廣泛地分布在熱帶至亞熱帶地區，
屬多肉植物，有木立性、蔓性，時而著生在樹木上生長。
有各式各樣不同葉色和形狀，非常豐富的品種，花朵呈細長的穗狀。
喜好柔和的光線，因此應避開直射陽光，
只要環境適宜，不僅生長快，管理也容易，適合初學者栽培。
大多數品種擁有獨特紋路和形狀的葉片，能成為空間中的視覺焦點。

猶如花壇般，將不同品種集合而成的合植，因栽培方法一致，不僅管理容易，也能帶來華麗的視覺饗宴。

基本資料

學名	*Peperomia*		
科名・屬名	胡椒科・椒草屬		
原產地	熱帶至亞熱帶		
光照	全日照	半日照	明亮無日照
澆水	潮濕	普通	稍乾燥

栽培的重點

■ 關於光照

▶ 喜好柔和的光線，因此建議一整年都放置在明亮的無日照環境中管理。但是，若是過於陰暗，會造成莖部徒長、瘦弱、葉片沒有亮澤，須特別留意。

▶ 夏季強烈的光線會導致葉燒的狀況，燒焦的部分會變黑，葉片則會捲曲皺縮。

■ 關於溫度

▶ 生長適溫為15℃至35℃。耐寒性較弱，當氣溫低於0℃以下，並結霜時，植株就會枯萎。若平時是放置在室外的植株，建議在10月下旬移至室內。

■ 關於澆水

▶ 保持在稍乾燥的狀態，等土壤表面乾燥之後再施給充足的水分即可。多肉植物的厚葉片和莖部能儲蓄水分，但因不耐潮濕，若是放置在無日照的環境，則須特別注意水分，避免澆水過多。

▶ 梅雨季至夏季等高溫多濕的季節，更須避免澆水過多。以排水性良好的赤玉土來種植，也有預防悶濕的效果。

受歡迎的圓葉椒草的大型植株，屬木立性、生長速度快的品種。為了強調直立的莖幹線條，選用具穩定感的石盆來種植。

蔓性的椒草，後方為垂椒草；前方為角椒草。搭配古典風格的盆器，適合作為桌上盆栽來裝飾。

瑩椒草，有著肥厚且具深凹槽的葉片。選用與葉色相襯的木質盆器，強調葉片的水潤感。

皺葉椒草，簇生型的小型品種。葉片表面的皺摺是最大特徵。為了作出生長在原產地的感覺，利用自然素材的盆器來搭配，彷彿從木頭的縫隙間長出一般。

和椒草的姿態非常契合的圓形盆器。先考量品種和盆器是否相襯，再像拼圖一般，把整體建構起來。從左方開始分別為：
白脈椒草‘Peperomia puteolata’、小椒草‘Peperomia tetraphylla’、劍葉豆瓣綠‘Peperomia pereskiifolia’、‘Peperomia green valley’

依照葉片大小、色彩的協調等排列組合，作出耐人尋味、讓人看不出這些全部都是椒草的布置。從左方開始分別為：
愛樹椒草‘Peperomia dendrophila’、彩虹椒草‘Peperomia clusiifolia ‘Jewelry’’、刀葉椒草‘Peperomia ferreyrae’、龜椒草‘Peperomia angulata’

大戟屬多肉植物

Euphorbia

廣泛地分布在溫帶至熱帶地區，
有一年草、多年草、多肉植物、灌木等豐富類型。
其中又以屬室內植物的多肉植物，最具人氣。
為了在極度炎熱且乾旱的環境中生存，
以及不被草食性動物吃食，而演變成帶有毒性汁液，且帶刺的姿態。
因此大多數品種帶有利刺，且會從莖葉的切口流出白色的汁液。
須放置在日照充足的場所中栽培，並保持乾燥。

基本資料

學名	*Euphorbia*		
科名・屬名	大戟科・大戟屬		
原產地	南非、熱帶至溫帶		
光照	全日照	半日照	明亮無日照
澆水	潮濕	普通	稍乾燥

栽培的重點

■ 關於光照

▶ 喜好陽光，雖然在明亮的無日照環境一樣可以生長，但若希望開花數增多，建議盡可能照射陽光。

■ 關於溫度

▶ 耐寒性弱，冬季須移至室內。若是長有葉片的品種，冬季葉片會自然掉落，進入休眠。而有休眠期的品種，耐寒性較高。

■ 關於澆水

▶ 在春季的生長期，多澆水無妨，但進入夏季，則須維持在稍乾燥的狀態。春、秋季約五至十日澆水一次，夏季則是10至20日進行一次，施給充足的水量，並澆至餘水從盆底流出為止。

▶ 大多數品種並不耐高溫期間的多肥多濕，應盡可能提高土壤的排水性。

▶ 在寒冷季節時澆水，植株的溫度可能會因此而下降，因此冬季約二十至三十天澆水一次，並選在溫暖的時候進行。同時，須確認多肉的部位是否有降溫。若是在室外栽培，或當葉片出現掉落的狀況，建議停止澆水較為妥當。

■ 其他

▶ 因植物的突變，生長點產生異常分化，而出現帶狀或皺褶狀的結構，此現象稱為「綴化」或「石化」。包含大戟科的植物在內，多肉植物、仙人掌也會如此，雖然稀有，但其獨特的外型受到許多粉絲的喜愛。

種植在水泥盆器中的迷你植株們，整齊地並排著。本頁左後方為綴化的膨珊瑚。

白化帝錦是帝錦的白斑品種。植株的整體像是被潑灑白色液體一般，其獨特的模樣深深吸引了多肉迷的心。為了烘托出白色的美，特別選用明亮的灰色盆器作搭配。栽培的要訣在於將植株放置在能照射到柔和光線的地方，且避開夏季的直射陽光、避免澆水過多。

綠珊瑚也被稱為「光棍樹」，是非常受歡迎的大戟科植物。具耐陰性且強健的品種，即使只有日光燈的光線，一樣也能生長。在原產地甚至能長成數公尺高的大樹。在生長期時，分歧的莖幹前端會長出小巧的葉片。

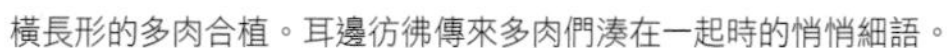

橫長形的多肉合植。耳邊彷彿傳來多肉們湊在一起時的悄悄細語。

各式各樣的塊根植物

塊根植物被稱為Caudex Plants，是有著木質化粗大根部、莖幹的多肉植物。
其肥大的塊根，是為了要在乾旱的土地上繼續繁衍生存所進化而成，
有著如儲水槽的功能，能儲蓄水分。基本上，需要放置在日照充足的環境中栽培，
並留意冬季的低溫。春季至秋季期間，等土壤確實乾燥後再澆水，冬季約一個月一次。
大多數品種生長緩慢，猶如工藝品般充滿魅力的姿態，吸引許多的玩家蒐集。

象牙宮

學名 *Pachypodium rosulatum spp gracilius*
科名・屬名 夾竹桃科・棒捶樹屬
原產地 非洲、馬達加斯加島
光照 全日照 澆水 稍乾燥

從圓胖的塊根上長出猶如手腳的樹型，令人倍感親切。葉片會因寒冷而掉落，但春季至夏季期間又會重新長出。沒有葉片的時期，植株進入休眠，因此不需要澆水。

柱葉大戟

學名 *Euphorbia cylindrifolia*
科名・屬名 大戟科・大戟屬
原產地 馬達加斯加島
光照 全日照 澆水 稍乾燥

別名「筒葉麒麟」，從膨大的塊根長出枝幹，並向四面伸展開來。白色枝幹與帶有銀色的綠葉形成對比，再加上狀似匍匐前進的枝幹，令人印象深刻，樹型也豐富多樣。春季會開出不甚起眼但可愛的米色花朵。

睡布袋

學名 *Gerrardanthus macrorhizus*

科名・屬名 葫蘆科・睡布袋屬

原產地 非洲東部至南部

光照 全日照 澆水 稍乾燥

帶有綠色的塊根，彷彿像肚子般圓胖，因而在日本被取名「睡布袋」，屬斑入品種。藤蔓延伸，並長有柔軟的葉片。讓人不禁聯想到非洲綠洲中的樹木，與造型簡單的盆器最為契合。

火星人

學名 *Fockea edulis*

科名・屬名 蘿藦科・星球蘿藦屬

原產地 非洲南部

光照 全日照 澆水 稍乾燥

原生在乾燥的草原或岩石等地，據説在原產地也被當作食品。從塊根的頂部會長出如藤蔓般的枝幹。讓枝幹自然地延展，或利用剪枝來修整樹型，也是種樂趣。

常綠喬木的昆士蘭瓶幹樹，透過修剪使其分枝。直立的枝幹上有著向外擴張的枝葉，能使人聯想到生長在原產地時的姿態。

基部枝幹的有趣造型、與自然構成的絕妙平衡，堪稱一絕。

昆士蘭瓶幹樹

學名　*Brachychiton rupestris*
科名・屬名　梧桐科・瓶幹樹屬
原產地　澳洲
光照　全日照　澆水　稍乾燥

也被稱為「佛肚樹」。喜好日照充足的環境，若日照不足，會造成生長停滯、植株衰弱，也容易發生蟲害，須特別留意。莖幹有儲蓄水分的功能，等土壤乾燥之後再施給充足的水分，冬季則土壤乾燥之後三至四天以後再澆水即可。栽培的要訣在於維持較為乾燥的狀態。

岩桐

學名 *Sinningia*
科名・屬名 苦苣苔科・岩桐屬
原產地 巴西、中南美洲
光照 全日照 澆水 稍乾燥

通稱「斷崖女王」。有著絲絨質感的葉片，且會開出鮭魚粉紅色的花朵。為了搭配花色，因此選用粉紅色可愛的盆器。生長在高溫多濕的岩石或崖壁上的凹洞等排水性好的環境。應放置在日照充足的環境中栽培，春季至秋季期間須施給充足的水分，冬季則停止澆水。不耐悶濕，因此須留意避免讓水滯留在塊根上。

獨特葉色・葉紋的植物

葉形、葉色漂亮而具有觀賞價值的植物，一般稱為觀葉植物，
但在自然界中，其實還存在著非常多帶有美麗色彩、紋路的植物。
每當映入眼簾，就會被其深深吸引，一同來感受它們自然的神秘魅力吧！

孔雀竹芋

學名 *Calathea makoyana*
科名・屬名 竹芋科・孔雀竹芋屬
原產地 美洲熱帶
光照 半日照 澆水 普通

竹芋類植物的葉片上，大多帶有異國風的紋路。孔雀竹芋有著特別的葉紋，葉片中彷彿又有小葉片一般。葉表為綠色，葉背是紅色，形成強烈的色彩對比，非常有趣。葉片易損傷，因此須放置在沒有陽光直射的明亮室內中管理。耐寒性低，冬季應維持一定的溫度和濕度。入夜之後，因「睡眠運動」的關係，葉片會直立。新芽的純淨清透，美得令人著迷。

變葉木

學名　*Codiaeum variegatum*

科名・屬名　大戟科・變葉木屬

原產地　馬來半島、西太平洋群島至巴布亞新幾內亞

光照　全日照　澆水　普通

葉色、葉形多彩鮮豔，充滿魅力的灌木。依照品種的不同，有各式各樣的葉紋，及紅、黃、綠混色等非常豐富。喜好陽光，若有充足的日照，葉色會變濃且更鮮豔。因耐寒性低，冬季須移至室溫10℃以上的室內。

紅玫瑰竹芋

學名　*Calathea dottie*

科名・屬名　竹芋科・孔雀竹芋屬

原產地　美洲熱帶

光照　半日照　澆水　普通

以黑綠為基底的葉面上帶有鮮豔的粉紅色線條紋路，葉背則是紅紫色，是有著美麗葉色的稀有品種。栽培方法與孔雀竹芋（P.138）相同。

〔左〕

鶯哥王

學名　*Vriesea hieroglyphica*

科名・屬名　鳳梨科・鶯哥鳳梨屬

原產地　巴西

光照　半日照　澆水　普通

可生長到高度約1公尺的大型品種。成株後會長出花莖，並開出淡黃色的花朵。因耐寒性低，冬季須放置在日照充足的室內中管理，夏季則要避開直射的陽光。為搭配橫向的葉紋，選用縱向紋路且顏色能襯托出葉色的盆器。

澆水方式特殊，除了在土壤澆水之外，也要讓水積存在筒狀的葉片中。但冬季葉片中的水會使植株降溫，因此須將水清除。

狹葉粗肋草

學名　*Aglaonema commutatum*
科名・屬名　天南星科・粗肋草屬
原產地　亞洲熱帶
光照　半日照　澆水　稍乾燥

具直立性、匍匐性、蔓性等，葉紋也豐富多樣。喜好高溫多濕，沒有陽光直射的明亮位置。雖有一定程度的耐陰性，但日照不足會導致病蟲害發生，須留意日照的狀況來選擇擺放的位置。在土壤表面乾燥之後再施給充足的水分，但若澆水過多，會造成枝葉徒長。

楓葉秋海棠

學名　*Begonia*
科名・屬名　秋海棠科・秋海棠屬
原產地　熱帶至亞熱帶
光照　明亮無日照　澆水　稍乾燥

秋海棠透過配種而產生不少品種。楓葉秋海棠的莖幹、像似手掌形狀的葉片上，長有微微的白色細毛。會開出可愛迷人的花朵，帶有紅色的暗綠色葉色也十分稀有特別。土壤乾燥之後再施給充足的水分。通風不良或澆水過多，造成潮濕悶熱時，莖部容易腐爛，因此澆水過後須特別留意，並移至通風良好的地方。若在沒有陽光直射且明亮無日照的環境中栽培，就能保持葉色的美麗。

黑葉觀音蓮

學名　*Alocasia Amazonica*
科名・屬名　天南星科・姑婆芋屬
原產地　亞洲熱帶
光照　明亮無日照　澆水　稍乾燥

觀音蓮的品種之一，亮澤的綠葉上有著銀白色的葉脈，是觀音蓮中最普及的品種。初夏時，比起其他綠色植物來得更為醒目且美麗。建議放置在沒有陽光直射的明亮環境，並且避免澆水過多，冬季則須移至溫暖的室內。

網紋草

學名　*Fittonia verschaffeltii*
科名・屬名　爵床科・網紋草屬屬
原產地　南美洲、祕魯
光照　半日照　澆水　普通

如同「網紋草」的名字一般，有著網狀的美麗葉脈。生長期葉片會增生繁茂，因此要保持良好的通風。若過於繁密，可以持續進行摘心，使許多側芽長出，塑造出圓整的株型。雖然一整年都需要避開直射的陽光，但若日照不足，會使葉片瘦弱，應特別留意。耐寒性低，冬季須移至溫暖的室內。

Index

索引

依照光照、澆水的方式，將本書中所介紹的植物分門別類。可作為選購時的參考依據。

＊不包含P.138至141的「獨特葉色・葉紋的植物」。請參考各頁標示的基本資料。

光照

喜好陽光

秋季至春季期間盡量照射陽光；夏季的直射陽光過於強烈，須觀察植株的狀態並適度進行遮光。

喜好柔和的光線

直射陽光會導致葉燒的狀況，隔有窗紗的明亮環境（半日照）最為適宜。

喜好明亮無日照

稍微遠離窗邊，不會太暗的無日照環境最為適宜。若過於陰暗，生長力會減弱，須觀察植株的狀態並適度照射陽光。

澆水

喜好水分

生長期尤其會吸水。澆水的同時可以在葉面噴水。在土壤表面乾燥之後再澆水，若過於乾燥，植株會出現缺水的狀況。

乾燥後施給充足的水分

一般的澆水原則為土壤表面乾燥之後再施給充足的水分。冬季因生長變緩，土壤不易變乾，須調整澆水頻率。

喜好稍乾燥

喜好空氣濕度高的植物，能在莖、葉儲存些許水分的植物。澆水過多，會導致根部腐爛，須特別留意。

特別喜好乾燥

生長在乾旱地區的植物，葉、根、莖部有儲蓄水分的功能。

安元祥惠　Sachie Yasumoto

PORTER SERVICES植栽設計師，二級建築士。學成建築後，任職一家併設花園的居家風格選物店，以此為契機開始了植物相關工作。參與設計工作室內設的山野草苔球商店開業籌備，進而沉醉於盆栽世界的魅力。2002年師從宮崎秀人氏學習花藝設計。2012年成立兼具室內設計與風格植栽販售的「TRANSHIP」，提供居家空間的植栽規劃設計及施工。2017年以「PORTER SERVICES」展開服務，提供住宅、店舖的植栽風格設計和庭園建造規劃、管理和講座，經營範圍更加廣泛。

2021年於東京目黑區開幕的烘焙咖啡廳「FARINA」內，設立結合植物及手作課程的「GRAINES」工坊。
https://porter.services/

staff

攝影／三木麻奈. 安元祥惠 (p.20～25)
插畫／竹田嘉文
設計／根本真路
校正／佐藤博子
編輯／広谷綾子

參考文獻

《觀葉植物（山溪彩色名鑑）》（山與溪谷社）
《觀葉植物與日常生活》（NHK出版）
《花圖鑑　觀葉植物・熱帶花木・仙人掌・果樹》（草土出版）
《簡單易懂的觀葉植物栽培法》（大泉書店）

※本書為2016 年發行的《室內觀葉植物精選特集》經過加筆、增添範例後，重新修訂的增訂新版。

｜自然綠生活｜22

室內觀葉植物精選特集　增訂新版

挑選・擺飾・栽培，一次到位！理想家居，就從植栽開始！

作　　者／安元祥惠
審　　訂／陳坤燦
譯　　者／楊妮蓉・蔡毓玲（新版P.1～29）
發 行 人／詹慶和
執行編輯／李佳穎・蔡毓玲
編　　輯／劉蕙寧・黃璟安・陳姿伶
特約編輯／莊雅雯
執行美編／韓欣恬・陳麗娜
美術編輯／周盈汝
內頁排版／造極
出 版 者／噴泉文化館
發 行 者／悅智文化事業有限公司
郵政劃撥帳號／19452608
戶　　名／悅智文化事業有限公司
地　　址／新北市板橋區板新路206號3樓
電子信箱／elegant.books@msa.hinet.net
電　　話／(02)8952-4078
傳　　真／(02)8952-4084

2023年04月二版一刷　定價 520 元

經銷／易可數位行銷股份有限公司
地址／新北市新店區寶橋路235巷6弄3號5樓
電話／(02)8911-0825
傳真／(02)8911-0801

國家圖書館出版品預行編目(CIP)資料

室內觀葉植物精選特集 增訂新版: 挑選．擺飾．栽培，一次到位！理想家居,就從植栽開始! /安元祥惠著；楊妮蓉, 蔡毓玲譯. -- 二版. -- 新北市 : 噴泉文化館出版 : 悅智文化事業有限公司發行, 2023.04
面；　公分. -- (自然綠生活 ; 22)
ISBN 978-986-99282-6-7(平裝)

1.CST: 觀葉植物 2.CST: 栽培 3.CST: 家庭佈置

435.47　　111008882